ユニクロ監査役が書いた強い会社をつくる会計の教科書

賺錢公司

成功祕密，都靠這本
會計財報教科書

UNIQLO
上市監察人 安本隆晴 著 張婷婷 譯

前言

看數字，就知道這家公司做了什麼事！

自從我當上合格會計師後，已經過了33年。剛開始的前9年，我以監察機構的職員身分，參與了許多上市公司的會計監察工作，並曾同時擔任100家中小企業的稅務士。之後，我持續擔任不同企業上市準備的顧問，或以公司外部稽核的角色，與十幾家企業往來密切。雖然我接到經營管理顧問的委任並不算多，不過這些委任我的公司幾乎都是成長中的企業。

▼33年會計師生涯，稽核、監察數家大公司經營

我從1990年9月認識柳井正社長後，便參與迅銷公司（Fast Retailing，UNIQLO的母公司）上市前的準備工作與會計監察，至今已21年；2001年6月認識ASKUL（日本事務文具大廠）的岩田彰一郎社長後，就一直參與該公司的經營諮商，目前我仍持續擔任這兩家公司的外部稽核工作。此外我還擔任Link Theory Japan（迅銷集團旗下女裝公司）、UBIC（企業經管諮商公司）和KAKUYASU（以酒為大宗的線上購物網站）等知

名大公司的外部稽核。2007年起至今，我在中央大學專業研究所會計研究系，針對社會人士開設「上市準備論」、「個案研究」、「PROJECT演習」等相關課程。

▼「會計」是一連串決策的結果

我和每一家公司最初的接觸點都在「準備上市的諮商」或是「稽核」，但是實際上與經營者們一直以來討論、詳述意見的，**都是針對由活動的結果——「會計」，反推回去看經營本身的過程。**

所謂「經營」就是決策的連鎖過程，如果詳細分類，就是為客戶創造更新的、符合需求的商品或服務，賣給他們，及早收回現金，然後再次製作販賣。在重複這些行為之中，將得到的利益以現金方式儲存下來的整個過程。

經營者要反覆思考如何培育生意的種子，建立假設、驗證，如果不行就從頭來過，從錯誤中持續學習。即使一直失敗，也沒有閒工夫退縮，稍有成功也不需要太高興。還有，如果因為風險多就放棄，是絕對不會成功的。

對於整段經營的過程，適時並正確地測定、記錄、評量，然後對出資者等利害關係人提出說明的，就是「會計」的角色。因為經營的活動結果必然會反映在財務報表等會計數字上，所以請把「經營」與「會計」想成互為表裡的一體來看。

也就是說，**會計的財務報表，是負責對利害關係人說明的工具，也是反映出目前公司真實樣貌的一面鏡子**。仔細觀察這面鏡子上顯現出的會計數字，將數字運用在接下來的行動中，就能夠利用會計的力量改變公司。

▼觀察公司發展狀況，一切數字化

實際上，會成長的公司都知道會計數字的重要性，他們為了在競爭中獲勝，會以自己訂出的數字做為行動基準。相反地，輕忽數字的公司，即使表面上看起來一帆風順，也會在某些地方受挫——因為他們不太能夠察覺顯現在會計數字上的危險訊號。因此，我經常對剛創業的經營者或中小企業經營者們說，「請把一切都數字化」。

把經營過程數字化，接著每天觀察，就能看出變化。只要採取對應措施，數字就會變動；也能看出改變措施時，數字會如何變化。零售業如果天天記錄每小時的顧客來店人數、購買人數、男女比例，再據此採取措施，例如改變商品種類、改變廣告單的寫法、換看板、改變櫥窗陳列等，就可以看出這些改變會如何影響來店顧客的變化。

像這樣以會計數字為本，訂定**計畫**（PLAN），然後**實行**（DO）、**適時檢查**（CHECK），若有差異，就調查分析其內容並迅速**採取行動**（ACTION）。能夠確實運作這個「**PDCA循環**」，就能創造出令人驕傲的、絕對不會輸的堅強公司。

衷心希望透過本書，能讓經營者乃至現場的員工、甚至各個領域的商業人士都能夠理解會計數字的重要性，並在這個對經營者來說如同暴風雨的逆境時代中，對公司的大幅成長有所助益，請邊讀邊思考，我相信當中一定有能讓各位在實務上參考的部分。書中有許多案例及個案研究，希望對各位的公司經營或是工作運用上能有所幫助。

2012年5月

【資深會計師、稅務士、UNIQLO經營稽核人】安本隆晴

目錄 Content

第2章

「每月財報」與「預算管理」，打造高效團隊

用會計思考經營還不夠，行動迅速化、徹底化，是公司成長的基本

第3章

用數字思考，公司當然會賺錢！

馬上找到「浪費」和「多餘」，精簡工作流程，輕鬆達到目標

第4章

老闆想要的人才，一定是會看「關鍵數字」的人

善用「數字魔法」，不用猛開會、狂加班，也能即時解決問題！

第5章

這5間知名企業的社長、員工，都在用「數字思考力」

用「數字」發現並解決問題，工作變簡單，公司還能快速成長！

第 1 章

只有用「會計思考」經營，才會讓公司成長

數字反應營運成果，還可及早看出經營缺失，
在形成財務危機前改善。

觀念1

不懂會計思考，一輩子當基層員工

過去在我擔任稅務顧問時認識的中小企業經營者、以及為了準備上市來做諮商的經營者裡，有很多人的會計思考都不夠充分。或許該這麼說，他們對業務或技術等能自行掌控以外的事務幾乎都不關心，完全不用會計思考的人非常多。

因為經營者自己不懂會計或財務的重要性，以致公司內部也沒有專門負責財務會計的人，每個月的結算都仰賴外面的會計事務所處理。當初我認識UNIQLO的柳井先生時，UNIQLO也是接近這樣的狀態。

所幸，柳井先生是很努力學習的人，也很愛讀書。當他理解會計思考及財務會計的重要性後，很快地便招募會計財務方面的人才。而該公司裡負責與我的經營管理顧問公司聯絡的菅先生，原本就是會用會計思考的人，因此柳井先生很快地就選他擔任董事，並將他視為第二重要的常務董事予以重用。

▼不管數學成績多差，一定要懂「會計思考」

會計思考，其實並不難。基本上要瞭解「自己公司的賺錢機制＝損益結構」與「現金收支結構＝現金流量結構」是怎樣的情況，以會計數字做為思考的基礎，思考如何讓這兩者變成正數、增加金額的方法，並且實行。

拿外食產業為例來說，可以將每家店鋪損益表中的銷售數字與業務利潤跟前一年同一個月份比較，看看是增加還是減少？或比較每位員工的平均銷售額如何變化？甚或是調查每坪店面的月份銷售數字變化等等。

■會看財務報表的店長，才能幫公司賺錢

只要稍微比較一下，就會發現很多事情，如果有什麼異常的變化也能夠立刻採取行動。再者，每家店鋪每個月都擬訂預算，再與實際營運數值做比較，就能看出更多狀況。不只是經營者，若能教每家店的店長怎麼看每個月的財務報表，店鋪的營運就能更有計劃、也更科學；店長們也會理解，採取什麼樣的策略可以讓數字產生變動。為此，每個月的決算必須盡量正確且迅速地完成。

不過，**要調查出會計數字的變化，好好掌握原始數據就很重要**，可是事實上有很多公司並沒有做到這一點。

■看財務報表的數字，能馬上知道決策的成果

例如，要分析「每名員工平均銷售額如何變化？」時，不知道去年一整年內有多少名「員工」工作過，掌握的只有正職員工人數，其他還有計時人員或工讀生，得靠統計所有勞動時間，再用每日工時8小時，換算反推出人數。沒有這部分的原始資料時也沒辦法，只能推測。

經營絕不會永遠順遂，若不能覺悟到伴隨而來的風險，並且在錯誤中學習，就無法存續或發展下去。這時候如果用會計思考，那麼嘗試錯誤的結果將一目瞭然。**用會計數字思考、實行、評量事業，實行結果得到的數字可以讓人充滿動力。**首先，就從會計或財務報表的意義，還有堅強的公司講究的是什麼樣的數字來看起。

▼「會計」就是把錢的事講清楚，並不難

「會計」，是指將能夠換算成金額的所有交易，依一定的規則（複式簿記）歸納整理到財務報表上的方法，同時也是**對出資者、投資人、債權人等對象報告特定期間內的經營損益與資金流向**。如下頁圖表，比起單純的口頭報告，藉著依複式簿記方式記帳的財務報表來說明，明顯更能夠提高對方（投資人）的認同。

會計在英語上稱為accounting，這個詞也有報告或說明的意義。而Accounting與responsibility（責任）合成之後變成另一個詞accountability，意思是「當責（說明責任）」。在新聞報導中，會使用「經營者是否負起了這次投資損失的說明責任呢」的說法，顯見這個單詞已經成為慣用語了。

自中世紀歐洲的大航海時代以後，會計的做法與複式簿記規則就逐漸推廣到世界各地。複式簿記是把所有的交易記入帳簿的一種方法與規則，自古以來就一直是世界共通的語言。

■看數字就能清楚知道交易詳情，無須文字說明

大航海時代時，通常由船主或出資人先募集資金，買進交易用的各種貨物，裝載到或租或自建的船隻上，然後搏命出海，到目的地換取胡椒或金銀，再回到原來的港口。

以現代的觀點來說的話，可以把創投企業的經營者看成是船長的角色，在平安無事完成一次航海後，就要向船主或出資者提出如下的財務報表：

●賣掉從目的地得到、運回的貨物收入＋出資金額－應該交換回來的財貨購買成本－船隻建造費－航行中的維護費、人事費、經費＝餘額

這結構中，若餘額是正數（利益）的話，扣除船長應得的部分後，所剩的就按照出資金額分配給出資者。如果費用全部由船主負擔的話，也會有船長與船主對半分的情況。假設船沉沒了沒有回來，資金無法回收，就等於一切都結束了。要是能夠平安無事

的回到港口，就把計算表拿給船主或出資者看，然後分配餘額才對。

從賣掉貨物後得到的金額（銷售額）中，扣掉直接花費的成本和費用計算出利益，依照這種規則做出來的財務報表，自古至今都不曾改變，是能夠明確盡到說明責任的工具。

▼「財務報表」會顯示一家公司的未來

大航海時代的財務報表，時間是以出了港口後獲得胡椒或金銀回來的整個航海期間來計算，因此可能是2年或3年，或者也有可能更久。而現在的財務報表依公司法或法人稅法的規定，要表示出1年間的企業經營成果。在1年當中提高決算期中的銷售金額，扣掉相對應的銷貨成本或費用確定損益的同時，也顯示出期末當日的財產餘額。

「財務報表」是對出資股東、借款銀行或供貨方的客戶等債權人，以及徵收稅賦的機關等對象，說明企業整年業績的工具。不過，財務報表並非只是為了這些目的而存在。

■ 除了說明經營成績，還能找出潛藏的危機

財務報表可說是經營者1年的成績單，也是**反映出公司目前狀況的鏡子**。就如同做**健康檢查**一樣，你自己或許沒注意到有問題，但當健康檢查時出現了「**異常數值**」，就有必要加以注意或複檢了！

● 會計是說明「損益」和「資金流向」的最佳方式

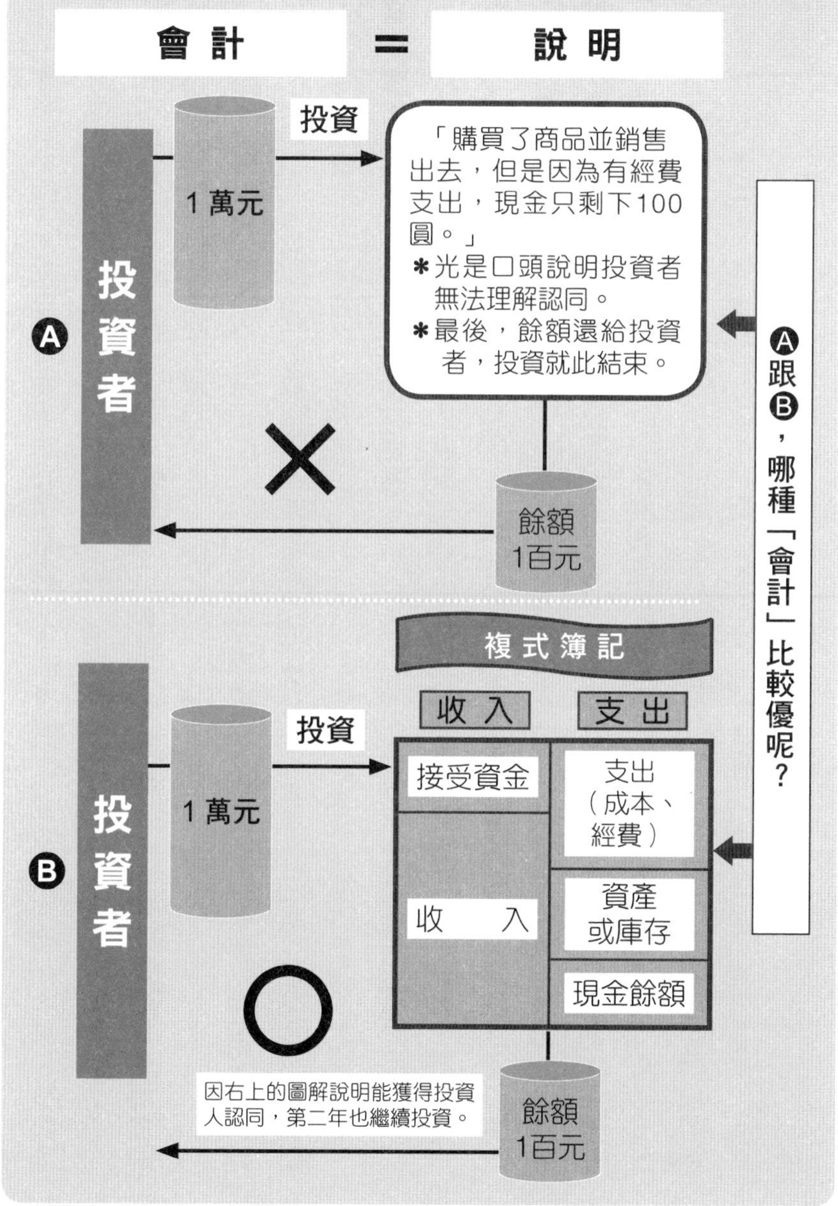
會計 ＝ 說明
投資
1萬元
投資者
A
「購買了商品並銷售出去，但是因為有經費支出，現金只剩下100圓。」
＊光是口頭說明投資者無法理解認同。
＊最後，餘額還給投資者，投資就此結束。
餘額
1百元
A跟B，哪種「會計」比較優呢？
複式簿記
收入
支出
投資
1萬元
投資者
B
接受資金
支出（成本、經費）
收　　入
資產或庫存
現金餘額
因右上的圖解說明能獲得投資人認同，第二年也繼續投資。
餘額
1百元

若能看著自己公司連續幾年的財務報表，可能會發現很多事情。例如，銷售金額或利潤並沒有成長，可是總資產一面倒地增加。而增加的內容是庫存或應收帳款，然後是與此相符的銀行借款……這就令人擔心了。**與前一年相比，利潤相同但總資產增加的話，很明顯地就是經營效率變差了。**

如果發現這樣的狀況，就必須立刻思考該怎麼做並且實行。像是處分滯留庫存、提高庫存週轉率、立即收回應收帳款，同時盡可能償還借款等等，如果不趕緊從借款體質中掙脫，這樣下去公司很有可能會破產。

■ 決算周期愈短，公司愈能快速成長

財務報表是反映出公司目前狀況的鏡子，同時也是今後經營方向的基準。換言之，財務報表扮演的角色是過去的結果，同時也是邁向未來的跳板。

現在是什麼都要求速度的時代，因此1年1次的「總決算」或3個月一次的「季決算」，每個月1次的「月決算」都已經是理所當然的，甚至有些企業每天都進行「日決算」。每天照鏡子不斷反省，是為了跳得更高。若能再前進兩步，就算往後退了一步也沒關係。

▼每位員工做事之前，先思考「會不會有利潤」就對了

商業的基礎，在於「PDCA」的順利循環。PDCA的順利循環對於經營的任何一個階層都極為重要，經營高層也好、現場的員工也好，都要有**計畫（P）**，然後去**實行（D）**，接著**適時檢視（C）**，若與計畫有差異就調查分析並迅速**採取行動（A）**。

■做決策前，先思考「會不會產生利潤」

這時候能用來當作評斷基準的，正是會計思考：**「為了在競爭中獲勝，產生利益留下金錢，利用會計數字來思考的方法。」**具體來說，瞭解「自己公司的基本賺錢結構＝損益結構」及「現金收支的結構＝現金流量結構」為何，思考**如何使這兩者變成正數，如何增加金額並且實行**。

掌握顧客的需求，培育事業的幼苗使其成長，思考這些經營課題，並且在做決策的時候，請經常利用會計數字問問自己，**這在會計上有利潤嗎？會留下現金嗎？這樣持續投入下去就會有成果（適切且妥當的產出）嗎？這就是會計思考。**

如果所有的員工都能透過這樣的會計思考循環PDCA，就能成為財務內容堅若磐石的堅強公司、值得驕傲自豪的公司、絕對不會輸的公司。不需要所有員工都是一流大學畢業或擁有MBA學位，即使聚集的都是擁有普通能力的人，這家公司的內部團隊合

作將會發揮很大的相乘效果，無限擴展。

■從一線員工，到管理團隊，都要懂得「會計思考」

如果全體員工都能把自己當成經營者一樣在工作，那就更好了。要實現這一點必須有強大的領導能力與全體員工的莫大努力，若能做到如此就能稱為「全體經營」了。

說到全體經營，最有名的就是宅急便之父、大和運輸（現為大和控股公司）前會長小倉昌男的名著《經營學》中的定義：

> 全體經營，是指在經營的目的或目標明確的情況之下，不需詳細規定工作方式，交給員工自己去做，讓員工自己對自己的工作負責。

把權限委讓給各處全體員工分擔，每個人的自由裁量度很大，相對地責任也重。如果是這樣的公司，全體員工都會有成長意願和能力，同時只要能有實在的教育制度，很快就能成為超優良企業。

更進一步地，我結合「全體經營」與「會計思考」造了個新詞：「全體會計思考經營」，想要**提倡全體員工都要學習有經營者一樣的感覺和會計的觀念**（會計思考）。要是能做到這個地步就可說是最強的經營團隊，如虎添翼，沒有什麼好怕的了。

●「會計思考」是什麼？

為了在競爭中獲勝產生利益留下金錢，而利用會計數字思考的方法。

在PDCA循環的時候做為行動「基準」的思考方式，瞭解「損益結構」和「現金流量結構」，思考如何增加利益與現金並採取行動。

損益結構	＝	事業的賺錢結構	＝	銷售金額－銷貨成本－販售管理費用＝營業利潤
現金流量結構	＝	事業的現金收支結構	＝	現金收入－現金支出＝現金餘額

為掌握客戶的需求，培育事業的幼苗使其成長，思考經營課題，決策並採取行動時，請經常利用會計數字問問自己，這在會計上有利潤嗎、會不會留下現金、這樣持續投入下去是否就會有成果（適切且妥當的產出）等。

觀念2

把公司從「小型汽車」變成「F1賽車」

經營者思考招徠顧客或是找出顧客需求的方法，然後實行，都會產生金錢流動，最後這些綜合的結果，將全部表現在財務報表（會計數字）上。

如果能夠持續正確做出會計處理，沒有粉飾或違法、沒有遺漏或重複紀錄交易的疏失、或是會計處理錯誤的話，行動的結果會確實地反應在財務報表上。不過麻煩的是，有時一切的實行結果都能完美呈現出來，有時卻並非如此。

▼客人多、生意好，公司一定會賺錢？未必！

例如，在專門販售酒類的店裡，曾有過這樣的實例：

去年度的銷售金額為5千萬圓，當期利益有1百萬圓，可是今年度銷售額變成4千5百萬圓，當期利益為負2百萬圓，收入跟利潤都減少。然而今年度比去年度銷售的單位數還多，配送給顧客的次數也增加一成以上。以實際的感覺來說，店員也很努力地將商品配送給顧客。為什麼會有這種情況呢？

原因是，所賣出去的商品內容和前一期相比之下，啤酒的瓶數減少了，而單價比啤酒低的發泡酒或礦泉水的銷售量增加了。

■不會馬上顯現的數字，要從多方面觀點分析

店員雖然很努力卻仍是赤字，當老闆的應該很困擾。這種情況下，我會建議把銷售業務集中在毛利率較高的客戶身上（**縮小規模**）、或是重新修改商品的單價及種類，又或者是毛利率低的業務就取消宅配，開發紅酒或日本酒的特選賣場（**投資**）等等，進行根本性的改革。

有些經營方針的實行結果會立刻反應在會計數字上，也有些不會顯現出來。此時就要用剛才所說的銷售瓶數或是宅配次數，**由各種觀點來掌握數字然後加以分析**，這對掌握經營的實際狀況是很重要的。

▼從「小型汽車」改搭「F1賽車」

企業經營是與其他公司的競爭，跟其他公司在同一個比賽場地（產業領域）一決勝負，如果不能勝過對手，就會被對手打垮或併吞。

以汽車為例，如果只求跑得動，那小巧靈活的小型車就夠了；可是如果要競速的話，就非得靠最新的F1賽車才會贏。要贏得競爭，機器的速度雖然很重要，但精密的輔

助儀器及訓練有素合作無間的維修團隊也很重要。

■ 提高「儀器」的品質和方向盤的準確度

該怎麼做才能讓你的公司變成可以在決賽時勝利的F1賽車呢？F1賽車擁有高速轉動的強大引擎、堅固輕盈又具流線型的車身、抓地力強的輪胎、精密的儀器、還要搭配有能力的駕駛。**引擎和車身在企業經營上就相當於「事業本身」，而駕駛的時候要倚賴的儀器和方向盤就是「會計思考」與「財務報表」**。至於駕駛者，就是經營者或是在業務最前線的你。

擁有賺錢的損益結構與正向現金流量的事業，要由學到會計思考能力的你來經營。用正確快速做出來的每月財務報表和預算比較分析，一有問題就立刻採取措施。如果能做到以上所說的，就可以成為持續成長的堅強公司。

觀念3 學習穩健成長的公司，訂出高目標數字

豐田汽車、Panasonic（國際牌）、Canon（佳能）、AEON、7＆I等大企業，在當初創業時都只是中小企業。這些公司在草創初期，應該都是從被問「你們是哪家公司？」、「你是什麼人」、「我們現在很忙，沒空理你！」開始的。隨著因應顧客需求，製作產品然後銷售出去，獲得客戶的好感並產生利益，組織的規模漸漸壯大起來。

▼所有的知名大企業，都曾經是中小企業

這樣的過程中，成功的創業家身邊一定都有負責會計事務的人，例如非常知名的Panasonic（從前的松下電器產業）案例。西元1935年，松下電器成為股份有限公司的經過，創業者松下幸之助在《「松下會計大學」之書》（「松下経理大學」の本）的序文中曾經提及當時的狀況，在此簡單摘要：

創業當時店裡的會計跟家計是完全分開來，每月結算，並且向員工報告結果，也就

是實踐所謂的「透明化經營」，所考量的就是藉著成為股份有限公司的機會，將會計制度轉換成符合股份有限公司的制度。當時因為與朝日乾電池公司合併，而進入松下電器公司的高橋荒太郎先生，就成為會計部門的負責人。

那時候松下先生對高橋與其部下樋野先生（前揭書作者）說了這樣的話：

「會計並不單單只是公司的會計部門，它是扮演著企業整體經營指南針的角色，所謂經營管理，一定要經營會計。」

因應松下先生的要求，以高橋先生和樋野先生為首，後來培育出建構了松下電器發展基礎的1千5百位會計人員（於前揭書1982年出版當時）。這些會計人員約有1百人在總公司，其餘的全部分發到各個事業部或關係企業等現場，據說就是著眼於防止第一線工作的「會計混亂造成經營混亂」。

■經營管理，一定不能缺少會計的規劃

如果支撐事業成長的管理部門守備能力強，進攻能力也會強。要說是因為特別看重會計這一點，Panasonic才能有今天的發展也並不為過。松下先生如果是「經營之神」，高橋先生或許可以說就是「會計、經營管理之神」。

蘋果電腦前CEO——史帝夫・賈伯斯於2011年10月5日以56歲之齡英年早逝，他的

傳記《賈伯斯傳》（*Steve Jobs*）中也提到，「從創業初期就要找到能夠管理的人才」。

矽谷有名的投資家華倫泰（Don Valentine）給了賈伯斯這樣的意見：「如果希望我投資，首先就要找來懂行銷和物流，能夠訂定事業計畫的人來當夥伴。」賈伯斯和華倫泰推薦的邁克・馬庫拉（Mike Markkula）見面，兩人十分契合，馬庫拉在之後20年中成為蘋果電腦不可或缺的存在。

馬庫拉是價格戰略、物流、行銷、財務的專家，曾在快捷半導體（Fair Child）與英特爾（Intel）工作過。偉大的創業者身邊一定有個偉大的經營參謀，這就是個好例子。

■會計反應基本成果，經營方針可隨之調整

每間持續成長的堅強公司，最初都是從中小型企業開始，創業者遇見能充分運用會計思考的經營參謀，不只會用登載在財務報表上的會計科目及數字等一般經營分析指標，還會運用能顯示出自家公司獨特行動結果的數字來經營。雖說是自家公司獨特的數字，但是並不需要高等數學或複雜的統計數字，**而是能看清楚哪些數據能反映出該公司最基本的努力成果，並以此為行動指南。**

比方說零售業，該注意的是現有店鋪的銷售額、購買客數、購買件數、購買單價等的前後期比較，每月坪效（請參照第五章）、庫存週轉期間等。決定每一個核心事業要用什麼單位、怎麼樣的方式評價，接著請持續留意該數據。看著數據的變化，就能與下

一次的行動連結。在第五章將會舉出5家知名大公司的經營實例，提供給各位參考。

▼每年開30家UNIQLO店面，3年後有90家，真的做到了

為了使企業持續成長，必須一直抱持經營者創業時揭示的遠大志向。與此同時，要打造出不斷提出高目標、且全體員工都能朝著目標努力的組織。如果單單只是提出「穩定成長」的低目標，只怕連要保持前一期的業績都會有困難。

■設定高目標，才能激起員工動力

1990年9月下旬我第一次造訪UNIQLO，那時柳井社長為了解決公司營運問題，打算建構迅銷集團（Fast Retailing，意即「快速零售」）發展「標準休閒服飾」時，也曾徵詢過我的看法。最初只是間地區性中小企業的UNIQLO（原名小郡商事），如何準備上市並進行諮商時的情形之後會詳述，先來談談這個可能會被斥為是好高騖遠的志向與目標。

隔年（1991）9月1日，柳井先生在所有員工面前宣布：「總有一天我們要利用全世界各處的資源、設備、才能、資訊，比任何人都快速、便宜、大量地販售顧客需求的商品。」並決定以「Fast Retailing」的公司名稱來表現出這個概念。

以成為休閒服飾的標竿為目標，也就是想把該公司變成「世界第一的休閒服飾企

業」，很有可能只是空想而已。但是我和柳井社長就這個非常遠大的志向詳細討論、檢討後，覺得似乎可以用非常簡單明瞭的理論去發展並實現。

當時具體揭示了「每年開30家標準型UNIQLO店面，3年後共有90家店，達到可以上市的規模」這樣的目標，我認為也是成功的要因之一。

1994年7月14日，迅銷集團在廣島證券交易所上市後不久，營收增加，雖然2000年時刷毛衣飾流行風潮到達頂點而使收益減少，但是2003年底業績慢慢地回復。接下來在05年8月，銷售額達到3839億日圓時，柳井社長提出了新目標：「2010年時要達到銷售額1兆日圓、稅前淨利率15%。」

■分段達成各階段目標，三年後就能拉開與同業的差距

2011年8月時的成果為「銷售額8203億日圓、稅前淨利率13.1%」，所以並沒有達成目標。然而，若沒有設定這樣的高目標，我相信銷售實績只會更低，可見稅前淨利率也是很重要的數據。

現在柳井社長提出的目標是「世界第一的服飾製造零售業，2020年營業額5兆日圓，稅前淨利1兆日圓」。**這個長期目標看起來難以達成，但是可以藉由確實地一步步達成明年、後年、大後年的各階段目標值，總有一天會達到長期目標的高數字。**

重要的是，從訂出的目標值反推算出現在必須做的事情，正在一步一腳印地努力的

公司，經過一年、兩年、甚至三年後，一定會和沒有努力的公司拉大差距。希望各位讀者也是一樣，在逐步解決現狀課題踏穩腳步的同時，也要擁有遠大的志向，朝著高目標一步一步前進。

▼很努力卻沒有利潤？資金流動到哪裡去了？

在經營上最重要的是，最基本的事業有沒有賺錢、款項有沒有按照約定的日期（回收期限）回收、及支付了相對的成本或經費之後，錢有沒有確實地留下來等等。

■努力後卻沒有利潤的事業，就該馬上停止

零售業、批發業、製造業、服務業、不動產業等，無論哪種產業都有基本的損益結構，農業、林業、水產業等也都有。基本的事業損益結構是「**銷售額－銷貨成本、經費＝利潤**」。**努力經營也沒有利潤的事業，就應該立刻停止，不用多等三～四年。**若是幾種事業互相牽連影響的情形下，原本應該將各業種分開來判斷，但有些企業結構複雜致使難以區分，會造成判斷上的困難。

還有，即使銷售數字增加，在帳面上得到利潤，卻沒有相應地多出現金，而是未收回的應收帳款或商品、製品、半成品的庫存量一直在增加，這也是不行的。有利潤出來卻沒有現金入帳，造成資金短缺的「黑字倒閉」（帳面有賺，現金不足），是絕對要避

免發生的事情。

■ 銷售規模變大時，小心「黑字倒閉」的現金陷阱

若損益結構是正數，原因卻不是銷售增長，而只是應收帳款膨脹未回收，若此時再加上支付條件是採現金支付，導致現金收支（現金流量結構）為負數，黑字倒閉的危險性就很大，必須要時時盯緊損益結構和現金流量結構的平衡。

一般而言在銷售急速上升時，很容易就會造成資金短缺，所以一定要每星期製作「資金調度預定表」（請參考P182～184），小心仔細地管理現金收支。

接下來我會舉出倒閉公司的案例，說明在銷售規模擴大時，才是破產因子最容易潛伏其中的實際情形。

● 為什麼會發生黑字倒閉？

黑字倒閉就是「帳面有賺，現金不足」

假設某公司的期初資產負債表如下：

期初資產負債表

現金	100	負債	350
固定資產	300	資本	50
合計	400	總計	400

◆假設1年內總計進貨80，並以150賣出。但是貨款回收延遲，全部都要延到下一期。就這麼直到期末，那麼資產負債表會變成什麼樣子呢？

期末資產負債表

現金	20	負債	350
應收帳款	150	資本	50
固定資產	300	利潤	70
合計	470	總計	470

◆明明有150（賣出）—80（進貨）＝70的利潤產生，但是現金非但沒有增加，反而還從100減為20。完全就是「帳面有賺，現金不足」的狀態。如果期末日預定要償還借款40的話，就完全陷於資金短缺（變成黑字倒閉）的情形了。

◆之所以如此，是因為現在的企業會計是採權責發生制，**也就是與現金出入無關，而是以有沒有交易的事實來記錄的方式。基於有銷售的事實而記入帳簿，所以才會發生有利潤（帳面上有賺）現金卻減少（現金不足）的情況。**如此，你可以明白現金的出入動向有多重要了。不能光做損益表，實績數值要製作現金流量表，預定數值要製作資金調度表來管理，這很重要。

＊**權責發生制**：係指收益於確定應收時，費用於確定應付時，即行入帳。決算時收益及費用，並按其應歸屬年度作調整分錄。

觀念4

倒閉公司的財務報表，也能學到很多事

L公司在2002年成為美容沙龍業界的第一家上市公司（大阪證券交易所Nippon New Market Hercules，現為新JASDAQ），但在2008年3月，因為對顧客違法銷售而遭到東京都政府行政處分，之後店舖數量便逐漸減少。

▼欠缺會計思考，最終招致倒閉

該公司同年及隔年09年3月期的決算監察報告書中，被加上「對企業永續經營有重大疑義」的附註，意思就是不清楚今後是否還能以企業的形式存續下去。之後業績惡化，2010年10月申請民事重整程序，隔年11月下市。

■忽略了財務報表上的財務惡化警訊

費了很大的努力和代價好不容易才達成上市的目標，卻僅僅數年就因為違法事件或倒閉等情況下市，這樣的案例後來仍絡繹不絕。L公司的情況雖是由於行政處分成為倒閉的導火線，**但是經營者如果能夠更瞭解遵守法令與會計思考的重要性，再採取行動的**

話，我相信是可以免於倒閉的。

早知道，就不勉強手頭資金不足的年輕顧客簽下超過百萬圓的銷售契約；早知道，就不對美容師定下那麼大的銷售額目標；早知道，就徹底做好美容技術及待客教育訓練，回應顧客的期待，持續腳踏實地的為顧客實施美容課程，以合理的販賣價格提供服務的話，也許就能提高相對的銷售數字和利潤了！但事到如今，千金難買早知道。

■確實做好每月決算，才能即時掌握財務狀況

姑且不論這種對本業本身的「早知道如果怎樣就好了」的爭論，更重要的是，**如果每個月都確實固定做好每月決算，就能發現財務內容逐漸惡化的過程，也應該可以採取必要的因應措施。**

L公司的經營者有沒有每天看銷售狀況，是不是每個月都看損益結果和資金調度預定表，並迅速確實正確地分析，究竟有沒有冷靜地判斷因應呢？會不會只是光想著要擴張業務呢？

持續三年營業赤字、持續兩年債務超貸……，現在說這些都為時已晚，**應該要在演變成這地步前就掌握破產的徵兆才對。**

▼早就顯現在財務報表上的「破產徵兆」

金融廳的「EDINET（Electronic Disclosure Investor's NETwork，上市公司公開揭示資料網站）網站上仍留有L公司的決算資料（2007年3月期到10年3月期為止的有價證券報告書），我依據這些資料做出損益及財務狀況變遷表。

到2007年3月期為止，營業額、利潤都是往上走的，但是從受到行政處分的08年3月期開始，營業利潤一下子落入赤字，造成了營業損失。

所謂「營業損失」，意即若用和當時同樣的營業方式做下去，**銷售越多赤字就越多，將侵蝕掉過去的利潤**。若不立即擺脫這種狀況，資金調度將漸形緊迫，不久便會有倒閉之虞。

■資金早在赤字發生前就很緊迫了

另外，以員工平均營業額做為顯示勞動產能的指標，於2007年以1770萬日圓達到高峰，之後便開始走下坡，10年大幅滑落到1020萬日圓。**如果光看損益狀況的話，2007年看起來像是巔峰時期，但是若一併觀察資金動向，就會發現其實在那個時點，資金就已經相當緊迫，完全沒有餘裕**。

幾年前倒閉的大型英語會話學校也曾造成很大的話題，而L公司同樣在簽約時有收取「預付款」的慣例。例如，若合約上是15堂課總計30萬日圓的療程，則顧客在簽約刷卡付費時，公司就有30萬日圓入帳。每次接受療程時才能把帳款轉為營業收入，在所有課程結束前都等同於向顧客借款——不過我想經營者並不會感覺是在跟顧客借款。

07年3月底，這項預付款的餘額竟然有30億1千3百萬日圓。另一方面，現金存款餘額僅有20億5千2百萬日圓。此時如果所有顧客同時要求「不再接受療程，要解約，請退還剩餘的預付款金額」，那這10億圓差額便無法償還。

此外，若只計算期末當天的運轉資金，就有7億7千8百萬圓的赤字。赤字僅有這樣的數字，是因為在期中以股票現金增資的方式成功調度到20億4千萬日圓。**當時如果沒有增資的話，L公司應該已經陷入28億1千8百萬日圓的資金缺口中了！**也就是說，在營業額達到顛峰的07年3月期這個時點，早已經顯現出倒閉的徵兆。

■ 增資造成的獲益假象，其實早就超支！

在07年3月期中，由於買下了新店面，所以不只固定資產增加了10億7千6百萬日圓（用於擴展新店），還為了取得經營健康食品網購公司與美髮沙龍及美容學校公司的股票，支出了26億6千3百萬日圓。總計使用了37億3千9百萬日圓的資金，相當於當期淨利的3.3倍。

企業在快速成長時，需要大筆營運資金運用在本業上，可是他們卻仗著有預付款制

● L公司的損益與財務狀況演變

（單位：百萬元）

		2006年3月期	07年3月期	08年3月期	09年3月期	10年3月期
損益計算表	營業額	10,342 ↗	17,115 ↘	15,753	3,954	3,047
	營業利益	4,323 ↗	8,509 ↘	▲1,114	▲2,151	388
	稅前淨利	976 ↗	2,167 ↘	▲777	▲2,176	▲1,150
	當期淨利	413 ↗	1,145 ↘	▲4,219	▲2,991	▲1,250
資產負債表	❶現金存款	2,293 ↗	2,052 ↘	918	106	195
	❷應收帳債權	704 ↗	1,267 ↘	577	593	366
	❸庫存資產	347 ↗	947 ↘	571	184	109
	❹應付帳款債務	1,443 ↗	2,031 ↘	761	372	289
	❺訂金	2,180 ↗	3,013 ↘	1,690	937	765
	❻借款	0	0 ↗	2,100	557	1,335
	純資產額	3,514 ↗	6,544 ↘	2,062	1,066	541
	總資產額	7,984 ↗	12,631 ↘	7,421	3,170	3,071
	增資（資金調度金額）	4	2,040	2	2,057	724
	期末店鋪數（店）	85 ↗	95 ↘	76	52	52
	店鋪工作人員數（人）		639 ↗	674	242	261
	總員工數	613 ↗	965 ↘	904	280	298
	平均每人銷售金額	16.9 ↗	17.7 ↘	17.4	14.1	102
	營運資金（❶＋❷＋❸－❹－❺－❻）	279 ↘	778 ↘	2,485	983	1,719

★在陷入赤字前的2007年3月期，
就已經顯現出「倒閉的徵兆」了！

度在，把錢用在強推業務、店鋪的拓展上，結果造成資金調度的困境。

創業者O社長在08年2月卸任社長一職，同年6月無償將自己所持股份讓渡給公司，之後就完全退出公司。若詳細閱讀公司公開的財務報告書（上市公司每年向主管機關提出的財務報表），可以看出很多事情。請把這件案例當成有用的反面教材。

觀念5 UNIQLO急速成長的「會計思考」祕密大公開

1990年9月，我接到柳井正社長的電話，當時，他在山口縣宇部市經營紳士服零售店的小郡商事（現為迅銷集團）擔任社長。柳井先生是在1972年進入小郡商事，繼承了由他父親柳井等先生創立的事業。他說讀了拙著《熱鬪「股票公開」》（熱鬪，「株式公開」）後，想著一定要跟我見一面。

當時，他經營十幾家名為UNIQLO的休閒服飾店，旗下還有男仕服飾及婦女服飾店。當時UNIQLO離製造零售業（SPA）相當遙遠，只是向其他的製造商批發商品來販售的小零售店，商品的種類、陳列方式、店鋪的作業方式等，都是每家分店各有不同，亂七八糟，一直難以朝標準化方向進行。

在柳井正先生所著的《一勝九敗》（「一勝九敗」）中，他也寫到和我認識的經過：

在請他看過整個公司之後，就開始了諮商。他的書裡寫得相當了不起，但是在見面那一瞬間我覺得，這個人看起來這麼文弱，真的行嗎？之後我才知道，當時安本老師對我的印象是，「當柳井社長說，想把公司變成前所未有的世界型企業，我想著，這個看起來像個大老粗又不知變通的人辦得到嗎？」，原來我倆是彼此彼此啊。

迅銷集團後來以極快的速度成長，這時候開始起步的上市準備作業，成為建構企業成長基礎中很重要的一步；從1993年11月起上市有了眉目後，我便任該公司的監察人直至今日。

▼用會計思考架構出公司部門組織圖，才精準

從我接下上市準備的諮商工作開始，到1994年7月於廣島證券交易所上市為止的過程，都詳細寫在拙著《「UNIQLO」！監察人實錄》（「ユニクロ」！検察役実録）中。**本書包含了更多當時UNIQLO上市前的準備實況，同時把重點聚焦在從會計思考觀點分析的事件上。**

在諮商開始的時候，我請他們畫出組織圖。但是由於公司內部不曾好好架構過組織圖，所以在報告整體經營診斷檢討的結果，並簽訂顧問契約之後，我馬上就著手製作組織圖。

● 1990年9月，UNIQLO（原：小郡商事）組織圖

開發多家店鋪的企業，需要什麼樣的機能（組織）呢？

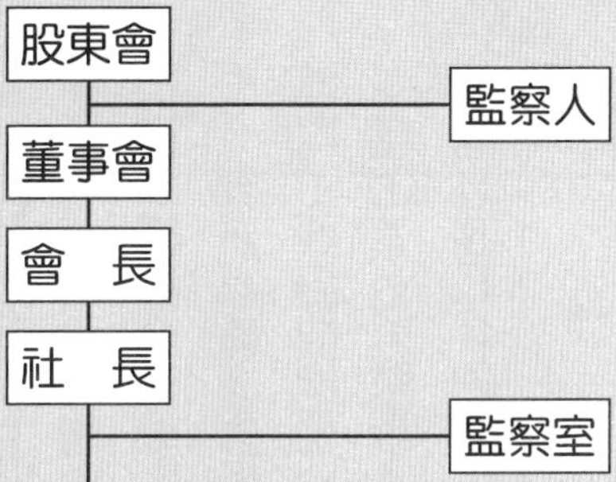

	營業部	商品部	管理部	展店開發部
職務名稱	❶店鋪營運 ❷促銷 ❸物流中心 ❹商品損失對策	❶商品進貨 ❷商品企劃 ❸開發計劃管理	❶經理 ❷財務 ❸總務 ❹人事 ❺資訊系統 ❻計劃管理	❶展店開發 ❷店鋪設計 ❸店鋪管理
評價對象數字	❶銷售額 ❷來客數 ❸每人每小時生產性 ❹商品損失率	❶毛利 ❷開發商品數 ❸計劃正確度	❶正確度 ❷資金成本 ❸處理速度 ❹人才培養數 ❺系統化數量 ❻計劃正確度	❶展店數 ❷店鋪成本 ❸處理速度
職務的目的	❶能達成銷售數字的賣場維護管理 ❷為達成銷售額的促銷 ❸賣場作業集中實行帶來的良好、輕鬆、便宜、快速化 ❹消滅損失	❶按照商品計劃維持商品結構 ❷進行具有競爭力和差別化的商品開發 ❸提供直接執行相關的數字	❶交易記帳的信賴度 ❷資本、資產的活性化 ❸公司營運的圓滑化 ❹公正的人事、教育 ❺全公司業務標準化 ❻提供與執行直接相關的數字	❶創造會賺錢的展店店鋪 ❷以低成本就能買到的店 ❸維持對客戶而言舒適的店鋪環境

「組織圖」就是清楚區分經營戰略機能的說明書！！

一開始我訪談了幾位經營幹部，瞭解他們負責什麼樣的業務。**製作組織圖必須將經營戰略按照機能分解，分配給各部門，同時用另一張紙詳細記下分別掌管的業務，然後決定各部門的任務（使命、目的）。**

■ 成為公司發展、成長重心的「四本部」成形

將商品進貨後配送到各店鋪的「商品部」，統率店員、店長營運店鋪的「營業部（後改為店鋪營運部）」，用數字管理整個公司會計思考的總管「管理部」，尋找開店地點簽約並設計店鋪開店的「展店開發部」。以這四個部門為中心配置，成為後來開展多家店鋪的「四本部體制」基礎。

上頁圖表是1990年9月當時的UNIQLO組織圖，跟一般的組織圖有些不同。部門名稱、職務名稱（團隊名）下面寫的是考核業績時的對象、數字和職務目的，其下更進一步寫上經理或領導人、負責人的名字。

製作組織圖的過程中，有很多問題不斷出現，像是廣告傳單的製作人員要歸在哪個部門、展店的準備到開張為止的負責人該掛在哪個部門下等等。思考要歸在哪個部門的經理之下，指揮命令才會順利傳達。原本在UNIQLO的所有員工都以柳井正社長為中心呈同心圓狀排列，現在慢慢開始變得像一個組織了。

▼明白表示各業務的目的與任務，把必需的人才放進去

要做小企業的組織圖時，有時總是會變得很公式化，因為與其寫出部門名稱，還不如只寫出人名組織圖反而更能顯示出實際狀態，也才覺得實在——當時的UNIQLO就是這樣。不過在這樣的組織圖中，明明是本來必須具備的組織機能，卻沒有負責人、或者是由其他部門兼任，這類部門就沒有被明確地表示出來。

■用會計思考畫出組織圖，馬上發現被浪費的人力與時間

這個部門是做什麼的、這個課應該做什麼，因為現在沒有負責人，所以只寫部門名稱，或者是由其他部門課長兼任，這些事情有必要明確分辨。**製作組織圖，除了可以弄清楚各業務的目的與任務，同時還能顯示出該業務有無負責人，或是長期由他部兼任的狀態。**本來是必要不可或缺、卻沒有人執行的業務，這些都會成為「業務重疊」、「程序怠惰」、「謬誤＝錯誤」的原因，或是變成違法行為的溫床。

例如管理部門總括了會計、財務、總務、勞務、人事、薪資福利、教育、秘書、公關、資訊系統、庶務等各業務（工作）。在公司逐漸擴大的過程中，還會需要內部稽核、法務、採購管理等部門，若為了檢討股票上市就必須要有IR（針對投資人的宣傳公關）、CSR（社會責任）等業務部門。**管理部用會計數字衡量管理現場作業部門**

（線上部門）的行動，是督促或限制的部門，也是整個公司的會計思考總管。

當時的UNIQLO管理部門只有2～3個人，因此商品部或店鋪營運部雖然寫了負責業務的人名，但是管理部門都是空白的，想不注意到都難。公司的稅務師顧問不只是進行稅務申報，連月結跟總決算也要靠他，完全沒有專門負責會計或財務的人。現在看起來真是無法想像，但這卻是中小企業常有的情況。

我們訪談過的幹部中，雖然有最適合當CFO（財務長）的人（在廣島證券市場上市時的常任董事），重要的會計人員卻一個也沒有，因此我拜託柳井社長盡早錄用一些有經驗的轉職者來擔任會計、財務的負責人。由於柳井社長理解會計與財務的重要性，這件事很快就實施了。

■會計和財務必須分開，避免舞弊和錯誤

一般來說，「會計」就是統整公司全體的會計、記帳、進行決算；而「財務」則是處理現金、存款、支票等有形的東西，並負責調度銀行借款等資金操作。**會計與財務是不能由同一個人來做的代表性業務，若由同樣的人來做容易發生舞弊或是錯誤，所以在內部的互相牽制上，需要由不同的人擔任。**

比方說，負責回收應收帳款的人與負責記帳的人和存款的人如果是同一個，很有可能會發生以下的狀況：從A客戶那裡收了10萬圓現金的應收帳款，負責人記下「收回8

萬圓」的不實記錄，在帳簿上記錄並存入8萬圓後，剩下的2萬圓中飽私囊。

如果這裡分為不同的人負責，並準備、運用互相檢查的體制，就可以防止這樣的舞弊行為。事實上，設計出無法舞弊的組織是經營者的責任。適當的人員配置與檢查機能等各種手續制度才是預防、發現舞弊或錯誤的基礎。用較為艱澀的詞彙來說就是「內部控制制度」，這也可以說是支撐會計思考的基礎。

▼決定標準店鋪的規模，以及每間店鋪的「損益結構」

接下來，就是要決定UNIQLO標準店的規模與損益結構的模型。當時有的店面在購物中心裡面，有些則是因為其他業種的店鋪撤退後就直接進駐，形態不一。而我們決定以地方都市的主要幹線道路沿線的500坪用地，賣場面積150坪的倉庫形式建築物為標準店鋪，往後展店時盡量統一以這個模式來做。**建築物施工的時候，陳列方式與販售管理等作業也做出標準模式，變得相當有效率，店鋪營運上成本也變得比較低。**

■設定損益結構，馬上看出各分店的目標達成度

以衣料來說，秋冬商品會比春夏商品的單價來得高，因此12月的銷售業績會是最高的，不過把每個月平均銷售額設在2千萬日圓到2千5百萬日圓之間，目標是一年銷售3億日圓左右。這裡最重要的是每一家店鋪的平均損益結構。

● 決定UNIQLO標準店的損益結構

每年營業額須達到
一家分店3億日圓

◆決定UNIQLO標準店

主要幹線道路沿線
用地面積＝500坪
賣場面積＝150坪
低成本倉庫形式店鋪

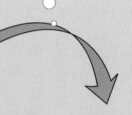

◆決定UNIQLO標準店每一家店鋪的損益結構（目標）

	初期	降價	降價後損益
銷售額	120	▲20	100%
銷貨成本	60		50
毛利	60		40
販售管理費			30
營業利益			10

注：販售管理費中也包含總部的分配額

決定一年間店鋪損益結構的目標時，各種目標設定都有憑據，如下頁圖表所示，假設當初的售價（稱為標準零售價）為120日圓（當初的成本率為50％），假設即使在最糟的情況下，所有商品最壞的情況下減價20日圓（當初的售價的17％）。

依商品狀況，有些商品可能不折價50％就賣不出去，但是也有些完全不需要減價就可以賣得好，因此只要批進來的商品品質設計良好，營業利益就有可能比這個還高。之後再慢慢增加自主企劃商品（PB），獲利率就會向上攀升。

事實上在3年後，1993年8月底時，直營店有83家、加盟店7家，共計90家店，營業額250億日圓（100％），銷貨成本154億日圓（62％），銷售總利益97億日圓（38％），販售費及一般管理費75億日圓（30％），營業利益22億日圓（8％），已經非常接近這個損益結構了。

所有員工在工作上都很努力，但主要還是基於這個損益結構，公司才得以於94年7月得以在廣島證券交易所上市。這個案例恰好告訴我們，**以會計思考為中心，設定正確的標準與目標有多麼重要。**

▼依月迅速掌握預算與實際差異，立刻採取措施

月決算能多快速且正確地完成？比較預算與實績、發現經營課題的同時採取措施的

效率能夠多高？我認為這些都是上市公司的要件。即使目標不是上市，這也可以說是一個強大且優良的公司的必備條件（這部分很重要，在第二章會詳述）。

■月結算會顯示經營實績，愈快做好才能愈快驗收

當時的UNIQLO離這個目標還很遙遠，包括月決算與總決算，全部都由顧問稅務士製作，月報表都是在次月的20日以後才會收到，有時甚至都已經接近次月底了，這樣是不行的。

月結算要在公司內正確迅速地完成，然後與每個月的預算做比較，按照每個會計科目去核對，若出現很大的差異就要調查原因，如果不能盡早處理，那每個月的決算就沒有意義了。

當時的UNIQLO只是把批進來的商品以現金零售出去，結構很單純，因此並沒有所謂由於對客戶的請款書延遲，造成每個月的結帳延遲這種事，出貨的廠商送來的請款書如果遲了，就催促他們早點拿來，關於員工的加班費計算延遲就更改發薪日等等，只需做到這樣的程度而已，所以很快就達成月結算的目標。但是從採用會計人員之後，到自己公司內部就能自行處理會計（稱為自我記帳化）的過程，也花了好幾個月的時間。

▼把將來的成功因素與風險都弄清楚，設定成長目標

在上市準備的最初階段，我把「你認為將來UNIQLO成功的要因是什麼？在這個成功背後潛藏的風險又是什麼？」這個問題丟給柳井先生。我請他依據自己的答案，對各部門負責人灌輸「這麼做的話UNIQLO就會成功」的概念，並且徹底檢討、實施。

當時指示的要點是集中商品種類、設定明白易懂的價格線、縮短進貨途徑、自行企劃商品、實施完全買斷政策、決定商圈和開店地點、縮短待客業務、販賣作業標準化、廣告單與廣告宣傳效果、銷售額與經費的標準化等。當然，因為都是一些很花時間的工作，很需要持久力。

當時的UNIQLO雖是買斷其他公司商品進行販售，但是從上頭這些成功要因中，已經可以看見製造零售業（SPA）的萌芽了。

決定集中商品種類、自行企劃商品、完全買斷不退貨等等企劃，反過來說，也伴隨著相當大的風險，可能連一件也賣不出去、也可能會耗費庫存成本。現在或許可以說是柳井先生有先見之明，但這也讓我感覺到，他在當時對於經營有著相當程度的「覺悟」與「挑戰風險的膽量」。

第 2 章

「每月財報」與「預算管理」，打造高效團隊

用會計思考經營還不夠，
行動迅速化、徹底化，是公司成長的基本。

觀念6

5年後公司是什麼樣子？用「反推法」制定經營計劃

經營者經常是孤獨的，要和眾多的不安全感奮戰：如果商品完全賣不出去怎麼辦？貨款收不回來怎麼辦？……等等，每天都有許多煩惱。但光是煩惱也沒有用，得在腦子裡建立許多解決之道，然後多方模擬才行。圍棋或將棋、相撲或棒球、足球或橄欖球等等，無論哪種運動或競技，與賽者都會事先預作模擬，**事前分析敵方的戰術，對照自己的情況，然後思考應對之道。而將這樣的模擬具體化在商業上，就是經營計劃。**

▼預算是對未來目標的「期望」，也是為行動建立的「假設」

經營計劃有兩個意義：❶經營者放眼未來發展，帶著「絕對要賣這麼多出去」的期望，及❷附諸行動，假設「用這個方法去賣一定會暢銷」為目標。對於必須採取行動才能獲致結果的經營者來說，擬定經營計劃＝事前準備，是最重要工作之一，絕不可以假手他人。

■立下目標，是為了知道現在該做些什麼

此外，經營者都應該有自己描繪出來的夢想——5年後、10年後，希望把公司變成什麼樣的夢想，或可以稱為公司發展故事或是願景。**為了這5年後、10年後的樣子，由現在起算的3年後、1年後、以及現在這個時點必須做些什麼，經營計劃應該就是要這樣「反推」回來制定。**5年左右的經營計劃稱為長期經營計劃，3年的稱為中期經營計劃，1年內的稱為短期經營計劃，或稱為「預算」。

預算也可以替換成「未來預想圖」的概念，若把預算當成經營的方向，由於所有的事情都會在腦海裡想過一次，途中遇到危機也能沉著應對。因為編製預算的行為本身，已經包含了許多對未來的危機或風險的應對方法的想像。

不編製預算、毫無計劃地工作，就不知道工作該做到什麼程度才對，是不是做到這樣就可以了、做到什麼程度還是不夠……等等，沒有一個標準或目標可以比對的話就無從判斷起。而「預算」就是符合需要的標準。

▼擬訂預算，「上而下」型較有成長可能

具體而言，先製作出明年度1年內的預算。如果決算期在3月的公司，年度預算自

● 從10年後的夢想，反推回現在該做的事

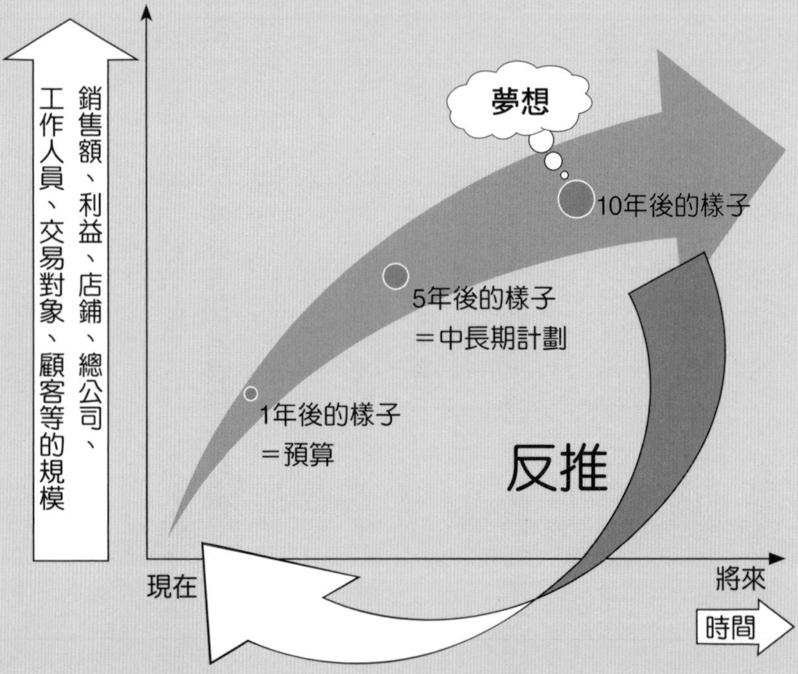

★描繪出5年後、10年後的樣子，然後反推回去，現時點必須做的是什麼？思考，然後實行。

4月1日開始起算，所以在1月中旬左右就要開始準備，用2個月時間來製作。而公司規模越大，就需要花越多時間在以全公司為基準的調整上，所以從前一年的年底就要開始準備。

一開始，先決定出一個業績良好的會計（決算）數字，接著決定目標數字：「一年內期望的銷售金額」。而為了達成這個銷售額，得花多少成本跟經費、如何做就可以賺到這種程度的營業利益……等等，通盤考量各種情況。若事業的種類或據點數量較多的情況時，就讓個別負責人、據點的主管或部門主管去負責，經營者則掌握目標數字來擬定預算。

■ 預算要取得大幅成長與保守估計間的平衡

擬定預算的過程，有由上而下跟由下而上兩種：

● 由上而下型：**是經營者決定希望達到某程度的銷售金額或利益**，以目標銷售金額、目標營業利益為基礎開始製作預算。

● 由下而上型：則是**由各事業部門的負責人決定，何種程度的銷售金額、利益應該是可以達成的**，以此為起點來擬定。

大多數的情形中，**前者傾向於大幅成長的目標數字**，雖如字面所言，但仍應盡量避免強制性的「由上而下」的做法；**後者則是「由下往上堆積」，因此容易流於幾乎沒有**

成長的保守低數字。

中小企業或獨資企業都是由上而下型，但堅強且成長型的中堅企業、大企業都是花時間去協調上而下型與下而上型的差異後，才擬訂經營者與各部門負責人的承諾（約定）數字。

▼過去的數字只能參考，不能當作基準！

建立經營計劃，雖然只是單純描繪出不久後的樣子，但是過去的數字，比方說「營業額比去年同期增加10％」等類似的狀況也常被使用。

明明是要決定未來該怎麼做的實行方針，過去的數字應該只能當作參考資料，不能過於倚賴。如果過度拘泥過去的數字，常會導致失敗，相信有很多商業人士或經營者都有過這樣的經驗。

有間公司3年來每年持續以10％速度成長，翌年也以增加10％為目標訂定計劃卻失敗了，又回到3年前的數字。緊接著由於考量到通貨緊縮的影響，訂定比去年減少5％的計劃，但在期間卻因為銷售商品組合大幅改變，已經退流行的商品又死灰復燃，賣得很好，但因為來不及調度商品，造成很大的機會損失（應得的利益，卻因為失去販賣機會而未能獲得的假設損失）。像這類失敗的例子非常多，所以訂定計劃時，應該要捨棄

「過去的數字」，從零開始思考。

▼訂出3種目標層級，激勵員工又能確保達到低標

一般人往往會覺得預算或經營計劃設定一個就夠了，然而，有些公司會設定兩個，甚至三個。

為了要**激勵員工突破下一個成長階段**，訂定了「**大的目標值**」，這是第一個。第二個則是**至少要確保銷售額達到某種程度的「最低底線」計劃**。**這兩者的中間值，意即計劃的「落點」則是第三個**。不過同時有三個計畫，可能在過程中會搞混，因此建議改成在年度一開始，就要做出參考目標值。

許多上市公司都有設定兩個計劃的情況，分別是依據和各部門的現場負責人定出的數值做成的計劃，以及訂定較大的挑戰數字的計劃。意外的是，多數情況下，記載在財務季報中的是前者、也就是比較保守的數字。財務季報是向公司外的利害關係人宣告「下一期必達成的目標」，因此責任重大。

觀念7

「預算管理」能讓問題點「透明化」

每個月把預算與實績依各部門、各會計科目做比較，計算出其中差異，和預算相比差異達到±5%以上者（依公司狀況也有±3%的情況），就需要分析「產生差異的理由」，然後從結果來思考該採取什麼手段並實行。**在與預算相比有±10%以上的實際數值差異時，如果不是因為交易發生月份的落差，就應該思考事業或前提條件本身是否有根本上的問題。**

▼用每月預算比較「計劃」和「實績」

如果是剛開始做預算管理時，對預算的編列法還不熟悉，概算額很粗略、或者是在預估的時候就出現錯誤，這都是常有的事。在製作預算的精準度提高之前，預算與實績銷售的差異可能多半都是預算編列上的錯誤。

預算管理的要點是，研判「如果再這樣花費成本和經費也不能提高銷售數字，還可能造成大赤字」時，就應該立刻中斷該事業，採取其他對策。如果不終止事業或改變銷售方式，就應該立刻配合大幅低於預算的銷售量，徹底削減人事費用或經費。

相反地若判斷「暢銷商品可能會缺貨導致機會損失」，那就要追加訂貨或者是批進替代商品。能做出這種「可能會出現大赤字」或是「好像會發生機會損失」的判斷並擬定對策，是預算管理最重要的地方。

■ 7個措施，把損失降到最低

比方說，營業額、營業總利益、營業額總報酬率（毛利率）的實績值如果比預算或是前期實績低，就應該採取下列7個措施，從錯誤中學習：

❶增加暢銷商品或其相關商品（包含順便買的商品）的進貨量。

❷在停止批入退流行的商品的同時，應趕緊降價賣出存貨。

❸改變營業方法➔把直營改為代理店。

❹增加販賣的商品種類➔集中於專門商品，另外買進週轉率不佳但利潤高的商品。

❺降低缺貨率➔重新檢視暢銷商品的進貨方式（製造方法、調度所需時間和清算方法等等）。

❻改變進貨途徑➔不經過批發商，直接由製造商或是由其他途徑進貨。

❼要求進貨廠商還原因貨幣升值造成的匯差➔向使用進口原料的進貨商和製造商交涉，降低單價（降低成本）。

● 經常比較預算與實績，並立刻採取對策

月次損益預算實績比較表

科目	當月					累計		
	預算（萬圓）	實績（萬圓）	預算比（%）	實績銷售比（%）	前年同月比（%）	預算（萬圓）	實績（萬圓）	預算比（%）
銷售額	10,000	10,160	102	100.0	108.5	32,000	32,801	102.5
A事業	6,000	6,180	103	100.0	109.9	19,000	19,760	104.0
B事業	3,000	3,060	102	100.0	101.2	9,570	9,542	99.7
C事業	1,000	920	92	100.0	110.0	3,430	3,499	102.0
銷售總利益	2,500	2,510	100	24.7	108.6	7,960	8,195	103.0
A事業	1,560	1.620	104	26.2	109.6	5,020	5,231	104.2
B事業	650	670	103	21.9	99.6	2,120	2,114	99.7
C事業	290	220	76	23.9	109.7	820	850	103.7
販售費管理費	2,000	2,045	102	20.1	100.8	6,000	6,020	100.3
員工人事費	480	495	103	4.9	103.5	1,430	1,432	100.1
計時人員人事費	240	455	108	4.5	106.7	1.260	1,305	103.6
賣方、促銷、廣告費	350	320	91	3.1	86.0	1,050	1,008	96.0
土地租金	450	450	100	4.4	98.5	1,350	1,352	100.1
租賃費用、折舊費	100	102	102	1.0	94.3	300	305	101.7
其他	200	223	112	2.2	120.2	610	618	101.3
營業利益	500	465	93	4.6	162.6	1,960	2,175	111.
營業外收益	0	26	-	0.2	130.0	0	42	-
營業外費用	0	55	-	0.5	127.9	0	73	-
稅前淨利	500	436	87	4.3	165.7	1,960	2,144	109.4

	預算實績差異分析評論	因應對策
銷售額	A 事業、B 事業預算比為 102%、103%，C 事業因故有 8%未達預算。	C 事業將 A 地區定為販售重點地區，決定由本月開始實施 A 措施。
計時人員人事費	關於 A 事業的員工人事費，是因為加班增多、計時人員的人事費是因為排班調整不順，兩項都超出預算。	重新檢視 A 事業的標準作業，減少員工加班。計時人員排班調整應精緻化，改善調整表。
促銷費、廣告宣傳費	促銷費因故發生延遲入帳。廣告宣傳費因為要重新構思廣告單，因此挪到下個月以後。	廣告宣傳單有助於提升品牌力，要從根本上重新檢視。

各種措施之間可能會有矛盾，但是不試試看就不知道哪種方法會成功，所以請都先嘗試看看。

▼「數字」是最好的警報系統，只要你看得懂

其實，預算管理並非只有編列預算的管理部門才進行，也並非每個月在董事會上報告就完畢了。如果在經營上可能發生重大問題的時候，沒有設計會立即發出警告的「警報系統」，讓所有相關的部門都能直接採取行動的話，就沒有意義了。

在工廠裡，當不良品出現時，會立即發出「停下生產線」的閃燈或警示音提示，「警報系統」就是類似這樣通知危機發生的經營管理系統，判斷「有不良品出現」的就是預算管理部門。至於判斷基準（警報基準），比方說每個月和計劃有±5%以上的差異時，就要立即分析原因、檢討對策並實行。而且**為了能盡早發出警報，應該在接近月底的時候就要先預估實績。**

■ 掌握每項數值變化，就能立刻發現問題

不止營業額，進貨量、毛利、貢獻利益或庫存餘額等，都是重要的管理要點。不只是這些會計數字，其他像是掌握訂單數量、首次合格率、顧客客訴量等非會計的數字也是非常重要的。**建立這些數字計劃值（目標值）與實績值，每天比較、掌握變化，當實**

績顯示出超過計劃值的異常現象時，就應該立刻對相關部門發出警訊，並當成擬訂對策的契機。

有些人認為商業的基本是讓「PDCA循環」轉動，我必須一再重申，這對任何一個階層都極為重要，每個人工作時都必須重視。就經驗上來說，循環得越好的公司很明顯地就會有高成長、高效率，應該是連時程步調也都比較快的關係。

在這當中，編製預算應該算是計畫（**P**lan）、實踐（**D**o。實踐結果是每個月決算的數值），之後的預算管理，則是檢查（**C**heck）及行動（**A**ction）。

▼把完成每月報表的時間限制在「次月5日以前」！

每個月的財務報表要花多少時間製作？一般來說這與會計部門的能力及全公司各部門配合的程度成正比，與業種（有無預估計算或存貨評價）或規模（關係企業子公司、相關企業的數量）也有關，因此不能一概而論。**但如果是每個月結算一次的公司，就必須在次月5日之前完成才可以。**

■當月績效反應預算結果，早分析才有好對策

每月財務報表是預算管理的基礎，實績出來之後與各個部門的預算比較，出現大幅差異的部門，在分析內容後要立刻採取措施，越快越好，就像是會致命的疾病，越晚開

始治療就越可能為時已晚。即使業績很好，有時候卻發生早該發現的狀況，例如發生缺貨的情形，卻因為太晚採取措施而造成機會損失的情況。

然而，也不能因為太過重視速度而犧牲正確性，減少製作時間還要正確做出每月決算是很辛苦的。

即使如此我還是建議，有「次月的15日會做好」或是「一定要次月的20日過後才能完成」又或是「決算全部都委託給稅務師顧問，因此每月決算要到下個月將近月底才從顧問那裡拿到」這些想法的公司，能重新思考每月決算與預算管理的重要性。

UNIQLO在20幾年前也是這樣，月報表很晚才能完成。看看他們現在的表現，只要有心，任何一家公司都可以很快完成月報表、成為像UNIQLO一樣的堅強公司。

觀念8

流程標準化，終結「拖延、沒效率」

月底結帳直到次月的5日還無法關帳，為什麼會拖這麼久呢？一開始槍口都對準會計部門，直指「會計部門能力很低」或是「人手太少」之類，但是查明拖延的原由之後，才發現主要還是由於下列7種會計以外的因素所造成的。

▼月底的結帳為什麼要拖到3個星期以上？

❶**業務負責人的請款書作業太慢。**應該在月結時送的請款書到次月5日之後才送出，然後才通知會計說當月的銷售額是多少。

❷在月底前已經出給客戶的貨，或是已提供完成的服務（修理或是配線工程等），**契約金額卻在次月初才決定，提出請款的時間也晚了。**

❸**進貨廠商的月結請款書都要到次月的10日前才會送到**，接著還要跟出貨單比對，如此一來又花了很多時間。

❹**經由外包管理課檢查後提出的請款書，總是要超過次月8日才會來。**

❺在簽好約之前就先發包工程給外包廠商，到月底完成工程也列入銷售金額中，但是**外包費用的金額卻一直還不確定。**

❻每個月底**檢查庫存**的處理程序要到次月10日之後才會完成。

❼每個月的**計時人員薪資計算與加班費的結算都很慢**，報到會計這裡來都是次月的6日左右。

▼「預算管理」可以找出所有部門的「浪費程序」

只要看這些例子你應該知道，光靠會計部門的努力絕對不可能快速結完帳。會計負責人的能力弱（聲音比較小）的公司更是如此。要改善這一點，就需要全體公司的相關部門通力合作。

■工作流程中，原來有太多無謂步驟！

❶與❷的情況很明顯起因是由於平常業務負責人的工作沒有標準化。**制定標準作業流程，徹底執行**的話，請款書作業毫無疑問地一定會提早完成。

❸與❹的情況，由於進貨廠商和外包廠商的怠慢造成請款延遲，那麼就應該**對所有的進貨廠商、外包廠商聲明：「如果請款書未於次月3日前提出者，該廠商的款項支付就必須延後到下個月」**。此外，如果由於公司內負責人的怠慢使進貨單價，或如同❺的

情況：「外包費用一直不確定」造成請款延遲，就**訂出負責進貨、外包的標準作業，改善業務流程即可**。進貨廠商、外包廠商是本公司的夥伴，應該要一起成長，絕對不能濫用優越的地位。

❻的情況下，雖然只有期末決算才需要正確慎重的評估庫存（就算花很多時間也要講求正確），但是平常月份大概的列計影響也不大的話，應該**以迅速性為優先**。

❼的情況下，改善業務時間能夠縮短到什麼地步是關鍵所在，但是如果到次月3日前也做不完的話，就應該**將結算日由月底更改成前月20日或25日**來因應。

無論何者，經營者都應該自己領導掌握，檢討該如何把每月決算迅速化，訂定各種期限採取對策。**這個時候要具體檢討「要怎麼做才能辦到」**，而不是說一句「這樣沒有辦法」就算了。

這是一個讓所有部門體質變得強健的好機會，把公司裡所有部門都拉進來，整頓並善用預算管理體制。若每月決算都很迅速的話，總決算也一定能迅速完成。

總決算是每月決算的累積，總決算還要另外加上保證金計算、稅金計算、存貨評價、耗損等等。而上市公司還有聯合決算（有關係企業子公司者）、股東大會相關實務、財務報告書製作業務、內部控制報告書的應對等程序，很花時間，但若非上市公司，就沒有那麼多其他的計算。透過改革迅速決算，就能轉變成更堅強的公司！

▼縮短預算管理時間，根除時間、人力和費用的浪費

一般的預算管理是每個月分析比較預算與實績的數值，但是每天的銷售都會提升的業種，就不是一個月1次，而是要以1星期為單位，**做每週決算與預算明細管理，採取的措施也會更快更有效**，甚至還有企業更進一步往「每日決算」的目標邁進。

■隨時掌握每日變化，避免任何損失

雖然預算管理是以每個月一次為基礎，但是每天都可以掌握實績的銷售金額、銷貨成本、各項經費，以及把其他下列固定費用每月金額除以日數，計算出概略金額，來進行每日決算。折舊費用、租金費用或管理部門的人事費用、雜費等固定費用，一個月只會計算一次，所以這些金額也是概算出每日發生額來列計。

若公司採用每日決算，則每一件商品的銷售交易就都能用縮短管理、監督的循環了。最重要的是，第一線負責人的想法會隨之改變，也能避免赤字訂單。

每日決算的代表性企業，就是濱京物流（HAMAKYOREX，於東證一部上市）。該公司在成熟的物流、運輸市場裡，從2011年3月期為止的過去五年中，每年平均增加5％的員工，同時每位員工平均獲得的稅前淨利，極有效率地增加了13％。該公司的大須賀正孝會長催生的「每日收支表」被許多雜誌報導引用，非常有名。

■每天檢查損益表，竟月省百萬！

物流中心或營業所的每個據點，每天都會作出簡單的損益表，以檢查是赤字還是黑字。如此一來就不會為了追求銷售金額而勉強接受會發生赤字的訂單，**也很容易看出費用浪費在哪些地方。不只是人事費用，保險費、折舊費用等也都除以日數計算。**在2004年收購的近物REX（原：近鐵物流）公司的某個據點中，更以每個員工每天省下1千日圓為目標，成功的削減公司一個月180萬日圓的無謂開支（「日經金融新聞」2011年10月23日報導）。

每日決算並非對所有的公司都有效，所以它並不是最終目標，不過我相信對很多企業來說，是非常值得參考的做法。

觀念9

培養用「數字」思考的管理人才

雖沒有經過統計，但以經驗法則來說，公司的社長大多是以技術或是業務等第一線出身的人居多。我想除了歷代長期都由白領階級擔任社長的上市公司之外，由管理階層出身的社長並不多見。

技術、業務或營業領域出身的社長，會很重視跟自己同樣領域出身的人才，大概都有不太重視管理部門的傾向。「管理部門的人並不能提高營業額或利潤，所以只要分派最少的人數去」，有些社長或許正是這樣想的。

▼管理部門才是一間公司的命脈，不是生產部

但在過往偉大的知名經營者身旁，一定有負責管理部門的經營參謀，如同前述的松下幸之助身邊有高橋荒太郎，本田宗一郎身邊有藤澤武夫一樣。**無論什麼樣的組織，都需要領導人的角色和管理人的角色，這樣的組合在公司裡也是不可或缺的。**

「管理不會產生金錢，卻要花錢」，會這麼想的社長很明顯是不合格的經營者。因

為管理部門就是掌握經營的「舵或羅盤」，也是負責測量業績產能的角色，「正確、迅速的每月決算與總決算」，在經營上可說是最重要的工作之一。

■ 用會計思考，才知道看數字下決策

同時，**管理部門要看著經營實績數據，並思考該採取什麼戰術，這個部門必須能看清「經營本質」**，因此更應該網羅那些深知販售、生產、購買等領域，並能以會計思考的人才。

無論再怎麼優秀的經營者，也不見得總能作出最適切的判斷或決策。經營者也是有感情的人，也會有身體或心裡不舒服、心情低落的時候。這種時候更需要能說出「異見」的經營參謀。

管理部門的高層常被稱為CFO（財務長），但並不單只是負責金庫，一般都認為財務長應該定位為經營者的參謀，就如同管理部門可以說就是整個公司的司令部一樣。

▼管理部門要配合公司成長，隨時調整業務內容

隨著成長公司的規模會擴大，員工也會增加。那麼，一個事業要發展到什麼程度的規模才最適當？

雖然依業種或業態會有所不同，但是，從1個人開始增加到5個人、10個人、30個

人、50個人、100個人甚至300個人，企業每次成長的時候，一定會遇到發展上的障礙，發現許多經營的課題，與員工的溝通方式也不得不有所變化，**最適當的規模也受到領導人和每個員工的能力左右。**

■ 找出最適當的方式讓組織有效運行

有一種由實際感受所產生的理論，認為「公司組織就是一台巴士」（一輛巴士搭乘50～60人最為適當），不過實際的狀況如前述，會依業種和公司型態有所不同。

企業經常面臨各種變化，如景氣、天氣、消費者的興趣嗜好、原料的供需狀況等，因此不能一概而論。以為公司已是最適當的規模時，很可能發生庫存量增加太多，或是相反的進貨量太少，勞動生產性降低等等，內部某處經營平衡點正在失衡的情況。**所謂的最適當規模，也許並不該由員工數量來判斷。**

同樣地，也很難評斷管理部門的人數佔所有員工的多少比例才最適當。不過，例如在員工數為20人的小規模公司裡，會計、財務、人事的負責人也需要2～3位，所以推論：**公司人數越少，管理部門的比例就越高。**

結論是，**不能單看管理部門的人數比率，而是看要讓他們做什麼樣的工作。**支援經營者或業務、技術、現場作業部門等等，是不可欠缺的工作，該用什麼樣的方式組織執行，才是關鍵所在。

■下決策的部門，要隨時跟上第一線的現況

寄帳單給顧客的業務，是由會計負責還是由業務負責？檢查進貨廠商的請款書和支付費用的業務，是由財務負責還是由採購負責？每天都會發生需要釐清責任範圍的問題。由哪個部門進行才能有效率並正確完成，而且還要對內部控制（防止或發現出錯或是舞弊）有幫助，必須冷靜地比較思考，自己找出結論。只要抱持著無論是哪個部門的人、都希望部門成員能和公司一起成長的想法，必然會找到最適當的解答。

此外，處於創業期或成長期的公司，我想管理部門佔全體員工的人數比應該不會很高，但是在事業基礎確立成熟之後，這個比率就會有升高的傾向。

大企業裡這樣的故事時有所聞：管理部門逐漸遠離現場，態度上慢慢變得傲慢，**最後變成不支援現場，淪為只會指手劃腳的大頭部門**，等發現的時候部門已經肥大化——這可以說是種大企業病。**發生這樣的情況，就應該將管理部門與現場組織的人大幅互換進行改革。**

■不要輕易地裁撤管理部門人員

當企業的業績不好、短期看來不會好轉的情況下，一般都會進行成本削減。削減經費或採用外包、進貨一體化，人員整頓（＝裁員），徵求員工自請退職或是解雇等。

假設面臨要裁員的情況，應該會以全體員工為對象進行，但是如果要先裁撤對業績沒有貢獻的部門，經常都會先拿管理部門開刀。**若管理部門嚴重肥大化的話自然另當別論，但首先應該從現場作業部門著手裁員才是。**管理部門對於經營來說非常重要，連在要重整的公司裡，這個部門也是執行重整計劃的中心。順便一提，裁員本來的意義應該是用於組織再造，並非整頓人員。

觀念10

「盤點」和「帳款餘額」可以驗收營業實績

「實地盤點與帳上庫存出現多少金額上的差異」，簡略來說就是**「實際盤點差異比率」，與「每月決算的速度」同樣是列為判定公司決算處理能力高低的指標。**

通常一年會進行「半年結算」與「期末決算」兩次實地盤點，這是決算的重要程序之一。到存放的地點，將商品、製成品、半成品、在製品、原料、儲藏品等資產逐一清點清楚，與帳簿上的存貨餘額對照，確認有沒有差異。

▼「實地盤點」考驗數字思考力

雖說是清點數量，不過方法分別有計算完成品的個數，或用各種測量的工具測定。例如在製品中的情況，就要把做到完成品為止的進度，用不同的測量單位換算出金額。

實地盤點為了不弄錯、漏算、重複計算庫存品的品名、品質、數量、貨號等，要事先定下盤點的順序或規則，以及平常該由誰該如何進行盤點的盤點計劃或是手冊。於此同時，為了檢驗盤點的精確度，要由不同於平常盤點的負責人來「會同盤點」，到現場視察，有時候也會進行突擊檢查（TEST COUNT）。

■盤點不只「清點數量」這麼簡單

我在監察機構任職時，去過很多家公司會同盤點，累積很多經驗。像是深夜到沒有客人的百貨公司視察員工進行盤點；在製造廠商的地方工廠或倉庫，一面發抖一面抽查零件；到農業大學的農場跟職員一起點算豬隻的數量；穿著防寒衣進入食材批發商零下幾十度的冷凍倉庫裡；還曾穿著安全靴戴頭盔，爬上高達數十公尺的鐵網樓梯到鐵工廠的石灰爐。

建設公司的3月期末會同實地盤點時，我到地下鐵有樂町線隧道的盾構工程現場第一線，就為了看他們挖掘到什麼程度，以便推算進度，還盤點了預製混凝土零件數量。對建設公司來說，在製品稱為「未完工程支出款」，會同盤點要確認期末存貨的金額數字與實在性（不是虛構列計），在會計查核上是很重要的工作。

實地盤點不只是清點實際的數字，還要調查商品、製品有沒有因為褪色、形狀改變而變成不良品，還有是否已經退流行。然後必須評估要把原來帳簿上的估價金額減少幾成，連同下個年度賣出去的金額從帳簿金額扣下來（存貨盤虧），又或者是直接報廢等。**實地盤點意味著為公司擁有的財產評估正確的評價金額，是重要的程序。**

不過在稅務上，存貨盤虧的金額有時候不會被認定為費用（以稅務的詞彙來說是「損失」），所以必須注意。這種時候要用自動調整（另外支付稅金）的方式來處理經費。

▼從庫存差異發現5個問題點

接著我們回到一開始說的「實地盤點差異比率」的問題。**公司整體帳上餘額與實地盤點的餘額如果出現2～3%的差異，就必須當作是很大的問題。**例如產生5%以上差異的公司，其內部應該就有下述要解決的5個課題存在：

❶平常的商品庫存進出方法有問題。同時，有可能在商品進貨時並沒有適時記錄在帳簿上（輸入至系統）。「進出」說起來簡單，但是卻包含了入庫、入庫後退貨、出庫、出庫後退貨這四種程序，若再包含倉庫內移動（入庫與出庫）就有6種。應該檢討哪裡容易發生什麼錯誤，**將業務流程標準化，然後把進出貨的方式改為適時、確實的程序。**

此外，頻繁進出的貨品和很少移動的不動庫存，為了讓業務效率化，應該和其他庫存的場所有所區分。

❷實地盤點的方法本身有問題。通常會再次檢查餘額出現差異的貨品，但探究原因，多半是漏計或是重複計算，只要**切實制定實地盤點的規則**，多數都能夠預防。把倉

庫中的每個地號分配給負責的人，所有的架子都貼上號碼牌（貨架標示），從右上方的架子開始往下點，點完就取下號碼牌，然後移往左邊的貨架，依此狀況實施，直到所有的貨架標示都回收的階段，實地盤點就結束了。

❸**失竊的情況頻繁。**防止偷竊是零售業共通的課題，但是只要顧客一進店裡就立即很有朝氣的招呼：「歡迎光臨！」，這種基本動作，對於想行竊的人來說，**會成為一種「我正在注意你哦」的牽制作用**，實際上很有效果的。

❹**公司內部可能有舞弊行為發生。**如果都是些高單價商品出現負數差異，有可能是員工盜領、或員工與假冒顧客的朋友聯手盜領。在這些情況，除了實施擺放鏡子、請保全人員巡邏、設置防盜裝置等各種防範對策之外，平時仍應教育員工。上司與部下如果有做好良好的溝通，就較不會發生這種舞弊行為。

❺**記入帳簿或系統（進貨、購買、庫存、販售）時發生錯誤。**即使正確地實施實地盤點，但用來比對的帳簿有錯也會發生問題。除了過去的錯誤沒有修改就這麼放著不管的情形以外，還要注意有沒有可能是因為採購管理（從下訂單到進貨驗收）系統、販售管理系統、庫存管理系統與會計系統彼此間沒有做好系統連結。

■盤點也能檢討該如何減少浪費

以上所有的問題都解決後，「實地盤點差異比率」該要停留在零以下。經過不斷的努力，庫存管理的精確度也會提升，業務朝向標準化邁進，工作效率肯定會提升。我建議經營者們要實地會同盤點一次，因為問題總是發生在現場，所以要解決問題也是在現場想出來的辦法最好。

說個題外話，日本的上市企業有7成以上是在3月底決算。然而出乎意料的是，零售業有很多公司是在2月或8月決算，UNIQLO也是在8月決算。這是因為**對零售業而言，在1年中營業額最少的月份就是2月與8月**，在這個時候盤點的話庫存量是最少的，盤點很快就可以結束。這是根深蒂固的習慣，同時也是很合理的考量。

盤點就等同於大掃除，打掃乾淨的同時，也必須從頭檢討等同於現金的每一種商品、製品、原料可以減少到什麼程度，也就是最低庫存量、最適當的庫存量等等問題。

▼「應收帳款」與「應付帳款」的餘額，差多少？

企業在證券市場上市時，必須由監察機構進行最少兩個會計年度的會計審查，確認是否擁有切合上市公司身分、以適當正確的企業會計諸項原則適時做出決算文件的能力，這是上市審查時的重點。

■ 向客戶查詢應收帳款餘額

監察機構在決定是否接受該會計審查的契約前，會先花1～2個星期做目前會計處

● 認真做好實地盤點的事前準備！

8—A—1—❺製作時間表

・在時間表上記載預定的整體作業，以及每個人預定的作業。

8—A—1—❹製作盤點作業分配圖

・決定各項作業負責人，並在盤點配置圖上寫上負責人姓名與負責範圍。

8—A—1—❶小倉庫的商品整理

＜盤點前一天實施的作業＞

1.實行倉庫整理。將商品與資料區分開來。

2.進行B品處理。

3.吊牌脫落的商品……

8—A商品管理　實地盤點作業手冊

1.事前準備

(1)小倉庫的商品整理

(2)確認週邊機器運作

(3)製作盤點配置圖

(4)製作盤點作業分配圖

(5)製作時間表

(6)準備貨架標示

(7)盤點說明會

(8)確認各帳簿傳票

(9)整理賣場

2.實地盤點

(1)定量確認、清點數量

理現狀的「預備調查（Quick Review）」。在預備調查的結果報告書中所提出的問題點裡，多為前一節所述「實地盤點差異比率」和應收帳款或應付帳款的餘額差額。

餘額確認，是指如為應收帳款，就應確認公司方面期末的應收帳款餘額，和交易對象（顧客）的應付帳款餘額是否一致。向交易對象發出「本公司的應收帳款餘額是○○○圓，請告知貴公司的應付帳款餘額」的餘額確認通知（餘額確認書），並請對方將回覆郵寄給監察機構。若有差異，就請對方寫下內容和金額寄出。幾乎所有的公司都是在預備調查的時候才首次進行餘額確認，所以大多數都會發現有很大的差異。

確認應收帳款餘額時，如果本公司的銷售列計是以出貨為基準，而顧客的進貨列計是以驗收為基準，那麼通常在進出貨的時候就已經產生差異。回覆的確認書中若發現大幅差異，就要注意可能有虛構的銷售額，或是銷售列計上的調整（時間落差）。

▼「應付帳款」的餘額差異發現的5個問題

應付帳款的餘額確認，同樣會有出現差異的時候，但是從差異內容的調查來看，通常除了「結帳日與對方不同」、「會計處理列計基準不同」、「貨品仍在途中」等原因以外，有時還會顯現出下列意想不到的問題點：

❶進貨廠商過度請款、重複請款，經調查後發現事實上已經付款。

❷差異幾乎都是本公司漏列進貨數字，也就是**支付不足**。

❸本公司**列計的進貨商品品名與單價與進貨廠商不同**，從幾年前就沒有處理，一直把問題留到現在。

❹**導入採購資訊系統時，或是系統切換時有發生錯誤**，未曾消除，留到現在。

❺**有數年份的進貨商品減價或退貨一直都沒有處理**。

■加入「預防」和「檢查」步驟，確保獲得最多利益

原本進貨等採購管理業務，分為下單、購買、支付這三個程序，是公司的業務裡最容易發生舞弊或錯誤的領域。每個程序都需要好幾名員工處理，但是為了避免舞弊和錯誤，還是必須把「預防」及「發現」的檢查體制（內部控制制度）加到程序裡。

從第一次的應付帳款餘額確認開始，**透過方才提到的差異分析作業，可以瞭解加入檢查體制的重要性與必要性**。為了防止錯誤發生，準備並運用內部控制制度是經營者的責任。剛開始可能會有點麻煩，但只要積極地進行就能得到效果，也有些公司會藉這樣的機會改善程序，以便下訂單時能以最適當的庫存量做考量。

餘額確認一般來說是會計機構進行會計監察的一環，但是由於只集中在重要性高的交易餘額上進行，因此也有些公司會自行確認所有的交易餘額。為了檢驗公司的會計實務是否適當正確，每一次期末決算都會主動發出確認書。

觀念11

不只盤點貨，員工的「工作盤點」更重要

假設你在午休時進了一家麵店，點了蕎麥涼麵。有些店在五分鐘之內就會端到你面前，可是也有些店等上二十分鐘都還沒端出來。該如何縮短時間做出好吃的麵，或是在煮麵過程中的準備作業、製作方法和動線、材料或調味料放置的場所等等，從各種角度下工夫，這些都會造成差異。

▼拖拖拉拉的工作態度，公司不會有利潤

這和工廠中製造成品的工程分析方法完全一樣。首先用碼錶同時測量各個工程作業需花費多久時間，接著思考怎麼樣縮短時間。那些不在意讓客人排隊的名店是例外，但如果是完全不努力改進、點菜後非得等個20分鐘以上的麵店，客人不會繼續上門！

公司是由「人」構成的組織，和我剛才說的麵店一樣，是由所有員工的工作集合而成。**如果每個員工的工作都停滯不前，結果就是造成客人的麻煩，營業額無法提高，也不會有利潤。**

部門之間的隔閡不能妨礙工作造成停滯，如果平常無法維持所有員工都以同樣的速度工作，使流程免於遲滯，那麼進行組織性工作就沒有意義了。組織力之所以重要，是因為組織不單只是集合個人的力量，而是因為團隊配合有可能完成更多的工作。

▼這樣分配工作，最省時、最省力、效率最好！

假設有10位員工，大致分為兩個團體，5個人的工作＋5個人的工作也只等於10人份的工作，或者是某個人扯了後腿，因此只能做到8人份（9人－1人＝8人）的工作。比起這種「加減法」的公司，若是能成為**5個人的工作×5個人的工作＝25人份工作的「乘法公司」**，孰優孰劣就顯而易見了。

進行全體員工的「工作盤點」，廢止目的不明的無謂作業或重複作業！還有，該怎麼提高工作的速度、該怎麼標準化、哪個部分該如何系統化、哪裡該採外包制等，都提出來檢討。無論再怎麼辛苦的工作，也應該要明白訂定期限實行。工作沒有流動就不能稱為工作，停滯的時候應該找出陷入瓶頸的原因，並且立刻解除。

■工作內容標準化，就能減少浪費

不過該注意的是，會陷入瓶頸的對象並不一定都是實務能力低的人。有能力的人不交代給部下，自己一個人攬下所有工作的情況也時有所見，這樣的人一旦辭職或生病，就會對公司產生極大的影響。在演變成這樣之前，**經營者應該帶頭以全公司為基礎，強制對工作進行整頓（再分配、減少勉強與浪費、標準化）。**

企業所處的環境不斷在變化，客戶的喜好也隨著時間變化，持續提供類似的商品或服務是行不通的，必須因應環境變化或顧客的嗜好變化去變更商品或服務的內容。企業與生物一樣，如果無法因應環境變化就會滅亡。**必須重新檢視工作的內容，因應環境變化才可以。為此，定期進行「工作的盤點」是必須的。**

第3章

用數字思考，公司當然會賺錢！

馬上找到「浪費」和「多餘」，
精簡工作流程，輕鬆達到目標。

觀念12

做出「能幫公司獲益」的結構，你會嗎？

你公司主要業務的基本損益結構與現金流量結構是什麼樣的呢？

如果是現金零售業，用100買進商品，再用150賣出則得到50的毛利。從毛利扣掉店鋪的租借費用或人事費用等各種經費總計40，留下稅前淨利為10，這就是所謂的「損益結構」。

▼「損益結構」和營運「現金流量結構」，一定要懂

相對地，現金流量結構則有「營業現金流量」、「投資現金流量」及「財務現金流量」3種。

❶**營業現金流量：**從營業額、進貨、支付人事費用或是經費等**一般的營業活動**中產生的現金收支。

❷**投資現金流量：**從設備投資、放款、購買有價證券等**投資活動**產生的現金收支。

❸**財務現金收支：**從**銀行**借款或還款、增資等財務活動中產生的現金收支。

以事業的基本結構而言，首先應該瞭解的是「營業現金流量結構」，其模式與營業債權（應收帳款、應收票據）的回收條件及應付債務（應付帳款、應付票據）的支付條件有關。

■以6個月為期，觀察哪一種現金流量獲益最高

首先，用前述的簡例來看，把現金買入的貨品用現金賣出，用現金支付各項經費的話，剩下的稅前淨利就是現金10。另一種情況是，將進貨商品開立4個月後的遠期支票，以現金零售賣出的話，即使各項經費（店鋪租金、人事費用）都要在當月支付，月底也可以留下150－40＝110的現金，可以用於次月的進貨。即使進帳（回收）條件一樣，只要支付條件不同，現金流量的結構也會截然不同。哪一種方式比較有利，立刻就能得知。

以這樣的損益結構持續6個月為前提下，分別假設營業現金流量為「**現金進貨、現金販售**」，以及「**4個月後的遠期支票、以現金販售**」的情形，各自持續6個月後結果如下頁圖表所示。即使損益結構與入帳條件相同，只要支付條件不同，6個月後的現金餘額就會差到400這麼多。但實際上帳款回收條件有可能是3個月以上的應收票據，或是有購買固定資產，不太可能這麼單純。

這2種流量的數字結構是否正常，也就是留下正數的利潤和現金，才是該事業是否

能存續下去的試金石。損益若是赤字、現金流量是負數（現金先支付出去）的話，該事業就沒有存續的意義。只能改變損益結構，或是改變進帳（回收）條件或支付條件（與對方交涉請求變更），此外別無他法。

■把結構單純化，才能清楚比較差異

再怎麼複雜的交易，只要單純化就能看出它的損益結構和營業現金流量結構。退貨、減價、單價修改等例外狀況較多、很難單純化的情況時，**難以單純化本身就是問題所在，應該努力消除這些例外。**

像UNIQLO這種多家分店的事業，只要決定好標準店及其損益結構，整體公司的損益結構就等於「標準店的損益結構×店鋪數」的公式計算了。說得更正確一點，從「標準店的損益結構×店鋪數」得到的稅前淨利，扣除總部經費的數字就是公司整體的稅前淨利了。

假設所有總部經費並不會隨著營業額增加，該結構就是當店鋪數超過一定數量時，會產生大幅利潤。反過來說，會成為隨事業規模擴大，利潤隨之遞增的結構（收獲遞增結構）。「每個店鋪的業務標準＋低成本作業」及「小總部體制」是理想的目標。

顯然地，如果是隨著事業擴大，不只是變動費用，連總部經費也會持續膨脹的產業，就應該及早放棄。

● 損益結構與營業現金流量結構

◆損益結構

用100買入的商品以150賣出。從毛利50扣除掉店鋪租借費或人事費用等經費總計40，剩下稅前淨利10。假設同樣的狀況持續6個月：

	1月	2月	3月	4月	5月	6月	合計
營業額	150	150	150	150	150	150	900
銷貨成本	▲100	▲100	▲100	▲100	▲100	▲100	▲600
毛利	50	50	50	50	50	50	300
各項經費	▲40	▲40	▲40	▲40	▲40	▲40	▲240
稅前淨利	10	10	10	10	10	10	60

◆營業現金流量結構

依據支付條件不同，會出現這麼大的差異！

❶以現金批貨、現金販售

	1月	2月	3月	4月	5月	6月	合計
月初現金餘額	100	10	20	30	40	50	100
現金收入	150	150	150	150	150	150	900
現金商品採構	▲100	▲100	▲100	▲100	▲100	▲100	▲600
現金支出（經費）	▲40	▲40	▲40	▲40	▲40	▲40	▲240
償還借款	▲100	0	0	0	0	0	▲100
當月期末現金餘額	10	20	30	40	50	60	**60**

❷以票據（4個月遠期）批貨、現金販售的情況時

	1月	2月	3月	4月	5月	6月	合計
月初現金餘額	0	110	220	330	440	450	0
現金收入	150	150	150	150	150	150	900
現金支出（經費）	▲40	▲40	▲40	▲40	▲40	▲40	▲240
支票到期日	0	0	0	0	▲100	▲100	▲200
當月期末現金餘額	110	220	330	440	450	460	**460**

▼毛利率和管銷費用比率的數字，會隨業種變動

用銷售總利潤（毛利）除以營業額的指標數字是「毛利率」，用銷售費用及一般管理費除以營業額的指標數字，稱為「管銷費用比率」。一般來說這些數字會因為業種的特殊性而有一些類似。

■毛利高不代表「好賺」，管銷費用也更高！

損益結構與現金流量結構會因為製造業或批發業、營建業等各種不同業種、業界生態、規模、業界交易習慣等等而有所不同，並且因設備投資造成的折舊費用或研究開發費用等規模大小的差異，又會形成截然不同的結構。

例如眼鏡量販店的損益結構是毛利率60～70％，管銷費比率為50～60％，稅前淨利為5～10％左右。雖然毛利率非常高，但是也顯示出為開設足以信賴的店鋪，必須有完善的員工教育訓練，還得把經營主力放在星期六日，以方便客戶光臨的特別營業結構。

藥妝店的毛利率在25％上下，管銷費比率為22％左右，而稅前淨利約3％左右。以現金零售為主，所以「現金流量」相當良好，但是醫藥用品或日用品的「毛利」並不是那麼高，為了衝高「稅前淨利」必須大量販賣，因此，雇用計時人員和壓低店鋪的運作成本，都是必要的。

酒類販售的毛利是18～20％，管銷費用比率是16～19％，稅前淨利率是1～2％。雖然現金流量上也沒有問題，但是啤酒和礦泉水的毛利率非常低，為了得到標準值內的稅前淨利，比藥妝店更需要留意降低店鋪運作成本。

■跳脫「業界的常識數字」，做出正確判斷才是重點

就製品、商品的販售價格而言，除了獨佔企業之外，大多的情況都是受到各自的市場或市況限制，賣價無法用「成本價格＋利潤」直接計算出來，毛利率難以提高的情形很多。

然而，就算因為業種特殊，自家公司和同業間的損益結構相似度高，也不能被這種「業界的常識數字」所迷惑。如果被這些數字束縛住，只不過是與同業的其他公司齊頭競爭、無法脫穎而出。

重要的是，思考如何改變損益結構或現金流量結構才能得到利潤，要怎麼做才能添加只有本公司才做得到的附加價值。應該要讓公司成長，不被業界的常識數字迷惑，看清自己公司結構的本質，在面臨販售價格、經費或設備投資支出等各種設定的局面時，做出正確的判斷。

▼「提高毛利率」，就該採取6個「簡單化」措施

為了提高毛利率，實際上應採取的措施並不容易，卻是每個公司必須正視的課題：

❶**重新考慮售價**：把應該提高或降低售價的東西區分開來，各別處理。

❷**重新檢視商品結構**：應該要從「商品種類的多寡和幅度」、「價格結構」等各種觀點來重新看待。

❸**與進貨廠商交涉降價事宜**：要讓交涉朝有利方向進行，就要集中進貨商品，並確保數量。

❹**與商品進貨廠商交涉，SPA（製造零售業）化**：實行SPA的方法很多，在這裡省略詳細說明，因為如果沒有達到某個程度的製造量，就無法與製造商交涉，所以要找出哪個商品會暢銷，集中心力去擬訂那些商品的企劃、販售計劃。第一步，就從「**特別訂製**」開始。

❺放棄從批發商或大貿易公司進貨，改為**直接和製造商交易**。

❻如果是製造商，可以**重新檢視包括製造方法在內的所有成本項目**，進行徹底的**成本削減**。檢討內製化或是外包化哪一種才是最適合的方案，並且實行。

▼降低管銷費用，5個「節省」措施最有效

相對於營業額，接下來就是該如何壓低銷售費用及一般管理費用所佔的比率，也就是管銷費用比率。首先是分析銷售費及一般管理費（以下稱管銷費用）的內容，分為固定費、變動費、準變動費。

管銷費用的內容有銷售費用、人事費用、房屋土地租金、借貸、租賃費、折舊費用、通訊及交通費用、辦公用品費、交際費等。不過，一般來說除卻與營業額連動的販售相關費用（銷售手續費、信用卡手續費、促銷費用、包裝費等）以及計時人員的人事費用之外，管銷費用幾乎都被認為是固定費。

❶控制人事費用。固定費中的人事費用，即使營業額不高，每天還是會產生，**而且人事費用佔管銷費用的比例最大。**生意好，人多的時候多點工作人員接待客戶，沒客戶的時候就只有從事準備工作的工作人員在（不產生人事費）最為理想，可惜的是不太可能做到。

因此，以連鎖方式開店的零售業、餐飲業，往往只有店長及其以下2～3人（或者只有店長）為正式職員，其他都僱用計時人員，企圖「**將人事費化為變動費**」，正式員工以外的計時人員只要讓他們在忙碌的時間帶工作就好。重點在於如何依據經驗值來製

作人員配置表。人員配置表充分表現了各公司的專業知識，許多公司只用計時人員來營運店鋪，甚至有上市公司用計時人員來擔任店長。

❷盡量不讓員工加班。加班原本就是上司對下屬的業務命令，因為有必要，所以工時超過平常的時間。超時工作的意思是指，1個月超過（標準工時）80或100小時，這種工時要求本身就有問題。如果經常就業務的標準化與人力考量做清查，平時就檢討工作本身的必要性，那麼我相信無論是哪個部門，除了定期發生的結帳日加班之外，都能創造出平時便無須加班的體制。這完全是經營者的責任，如果可以一直不加班，在安全衛生面以及人事費用削減上應該都能有貢獻。

❸標準化、系統化可節省力氣。詳細調查營業或CS（顧客服務）等業務程序的現狀，逐步改善標準化，把所有能夠用電腦處理的部分全部系統化之外，也要切割出能外包（OUT SOURCING）的部分。當然最重要的是，作業的品質不能降低。

❹合約條件。有關與營業額連動的銷售手續費、促銷費，要從根本上檢視是否沿用至今的銷售管道就可以，同時每個科目都以**零基**（ZERO BASE，意即不要參考過去任何數字）的方式思考是否對銷售金額有效果。也許需要花一點時間，調整和企業顧客、交易企業簽訂契約上支付的銷售手續費或促銷費用等等條件，但是這是不能省下的。**既有的契約對象可以慢慢改變，至於新的契約對象就要立刻變更**。信用卡手續費也是，可

以試著與其他簽約的公司聯合，一起去向信用卡業者交涉，請對方調降費率。

❺**廣告宣傳費的支出**。關於廣告宣傳的方法，從製作網頁到發廣告單、廣播電台廣告、電視廣告、與雜誌媒體合作、顧客意見調查等種類多不勝數，但效果卻很難測定。此外還有從利用臉書、推特這種幾乎不花錢（雖說如此，但相關人事費用卻不可小覷，請留意！）的方法，到花費巨資的電視廣告等各式各樣的方式。**應該重新思考用什麼樣的方法才能適當宣傳自家公司的商品**，從一次次嘗試中學習，不嘗試是難以有結果的。

其他因業種、業界狀態、規模的不同，管銷費用的各個科目重要性也會有所差異，**從重要性高的項目裡檢查，有沒有可以削減的要素**，即使在會計期間也不例外，致力於成本削減。

觀念13

「數字管理」一眼看出各部門執行度

每間公司在剛創業的話，一般都只經營單一種事業，或是只賭在一種商品製造上。因為只有一個部門，所以很容易計算損益。然而，**經過一段時間和一定程度的成長之後，若只仰賴一項製品的製造，就無法因應環境或其他條件的變化**；或是當熱潮結束，消費者覺得膩了，事業本身也有可能突然倒地不起。

▼把本業顧好，別讓多角化事業變成阻力！

為了應對這樣的風險，擬訂中長期計劃是可行的，應該要找出第二種、第三種事業並且實行，讓它們成長茁壯為企業的支柱來因應風險。

本業必須要成為整間公司的支柱，若是因為本業無法發展而放棄，才去發展第二種、第三種事業，是本末倒置的行為。

其實專注於單一事業的企業，在上市的製造商中相當多。將特別優越的一項製品不斷推出類似的、改良的商品，以及努力將該商品全球化，都是相當困難的事情，這樣的努力當然是值得尊敬的，但還是難以讓企業脫離經營過於單一的情況卻也是事實。這些企業的各商品或是各事業部門的損益，幾乎等同於各個據點的損益。

▼算出獲益能力高的部門，獎勵或擴大它

各部門損益是指，就各部門區分出正確的營業額、銷貨成本、管銷費用，計算出各個事業部門的稅前淨利，**一間會成長的公司，應該要瞭解各個部門對公司的稅前淨利有多少貢獻。**

通常營業額、銷貨成本及毛利要區分各部門來管理，但是管銷費用不只是營業部門固有的產物（應該直屬管理），也包含了總部、總公司機能的部分，因此鮮少有公司會連營業部門的利益都計算出來。為了得出稅前淨利，屬於總部、總公司機能性的管銷費用必須要以某種分配基準分配到各個單位才對。

管銷費用的內容分科目仔細清查，計算出能夠直屬於營業部的費用之後，剩下的共同費用就依照每個科目、各部門營業額、各部門員工人數、各部門使用面積等分配基準來分配。最終分配後的管銷費用再從各部門的毛利中扣除，計算出稅前淨利。

● 各部門損益表上，連稅前淨利都要計算出來！

◆將總公司經費分配到各部門，完成各部門損益表

算式	①	②	③ (①−②)	③÷①	④	⑤ (③−④)	⑥	⑦ (⑤−⑥)	⑦÷①
	營業額	銷貨成本	毛利	毛利率	直屬管銷費	貢獻利潤	管銷費間接費分配	稅前淨利	稅前淨利率
A部門	5,000	2,700	2,300	46%	1,000	1,300	625	675	13.5%
B部門	3,500	2,100	1,400	40%	800	600	438	163	4.6%
C部門	2,800	1,904	896	32%	550	346	350	▲4	▲0.1%
D部門	700	364	336	48%	120	216	88	129	18.4%
總公司	-	-	-	-	1,500	▲1,500	▲1,500	0	-
合計	12,000	7,068	4,932	41%	3,970	62	0	962	8.0%

＊總公司發生的經費1,500，在此為便宜行事，以各自的營業額為基準分配到4個部門。在實務上，應依照每種經費的內容檢討分配基準再分配。

分配基準的實例：人事費➡分配部門的人數或人事費
設備費、折舊費➡分配部門的使用面積
銷售費、廣告宣傳費➡營業額

製作出各部門損益表，評價各部門的業績。
➔C 部門再做半年如果還是不行就要廢除，強化稅前淨利率高的 D 部門。

▼用數字結果決定，繼續走或廢除它

如果能計算出各部門的稅前淨利（損失），之後的問題就是轉向該如何評價各部門的表現。部門也稱為SEGMENT（區塊），經營者要把哪一塊做大、把哪一塊廢除，在經營戰略上是非常重要的決策事項。

■拉長觀察期，設下停損

既有的事業與新事業並存的情形下，有時候不要一概評價比較好。當然，因為經過的年數不同，每一個事業萌芽開花的時期也不同。

有在初期階段的某種程度就必須要投資資金，數年後銷售終於站穩的行業（藥物開發、生技、軟體開發、環境相關機器等的研究開發行企業），也有每次展店就需要某個比例的資金的行業（零售、外食連鎖店）等，成長過程也各自不同。**評價各部門的生產價值，應該連經過的年數或稅前淨利的成長率等一併考慮**，而非只集中在會產生利潤的部門，或是立刻廢除陷入營業損失的部門。

在公司內部定出規則，例如：「新事業在最初兩年內就算是赤字也靜觀其變（忍耐），到第三年時要是出現單月黑字，就等滿三年後再評估，如果沒有正當理由到那時候就放棄。」若第三年的每月決算能漸漸減少赤字幅度，可以預見第四年確實能夠盈利的話，就符合規定中的「正當理由」。

也有些企業只留下有希望培育成業界數一數二領域的事業，否則經過一定的期間就立刻廢除。需要做出這種決策的時候，就好好利用前頁的部門別損益表加以評估。

代表公司一整年成績單的財務報表，要讓全體員工都能閱讀理解，方才有意義。如果是上市公司，任何人都可以免費拿到財務報表（在台灣可於證券交易所設立的公開資訊觀測站網站上搜尋），若是未上市企業，則除了經營者、或是家族集團相關者以外，很難拿到財報資料。

觀念14 員工表現數字化，擺脫低效率工作

▼公開經營狀況，提升員工幹勁

松下幸之助先生在公司剛創業、還是小型企業的時候起，就已經對數名員工（店員）公開財務報表了。

經營狀況保持透明，使員工能站在經營者的觀點來看，讓他們產生危機感和幹勁。日本的中小企業幾乎都是家族經營，所以很少公司會對員工公開財務報表。試著公開一次，徹底和員工們一同暢談經營現狀與今後的方針，我想不僅會產生非常好的靈感或積極的策略，也會提升員工們的幹勁。這時候能夠發揮效果的是「員工平均損益表」。

▼工作數字化：製作員工平均損益表

財務報表原本就是在表達公司整體活動的結果，因此數字多半都相當大。若把這些數字轉換成較為切身的數字，對員工來說，經營狀況看起來會更有切身相關的感覺。製作員工平均損益表並不難，只需要單純地把損益表上所有科目的數字，除以全體員工的人數就行了。

順帶一提，豐田汽車集團2011年3月期的營業額、稅前淨利、當期純益（由於該公司是以美國基準製作財務報表，因此不存在稅前淨利），各為18兆9936億日圓、4682億日圓、4081億日圓的天文數字。將這些數字除以所有集團下公司的全體員工人數（包含平均臨時員工數）38萬4112人，得出每人平均營業額4940萬日圓、稅前淨利120萬日圓、當期純益110萬日圓。

若是年薪5百萬日圓的人，營業額就是9.88倍，稅前淨利0.24倍、當期純益0.22倍。雖說是能讓人更感同身受的數字，但或許也會讓人覺得：只能得出這樣的利潤嗎？這樣的情形不要緊嗎？雖然財務狀況良好，但是近年來由於年輕人不買車或日圓升值造成營收減少的傾向，收益及成長絕對算不上良好，連大企業也相當煩惱。

● 豐田汽車的員工每人平均財務報表

（單位：百萬圓）

	科目／決算期	2010年3月期 公司整體	2010年3月期 員工每人平均財務報表	2011年3月期 公司整體	2011年3月期 員工每人平均財務報表
連結	營業額	18,950,973	49.9	18,993,688	49.4
	稅前淨利	147,516	0.4	468,279	1.2
	稅金等調整前當期純益	291,468	0.8	563,290	1.5
	當期純益	209,456	0.6	408,183	1.1
	純資產額	10,930,443	28.8	10,920,024	28.4
	總資產額	30,349,287	79.9	29,818,166	77.6
	平均每股股東資本（日圓）	3,303.5		3,295.1	
	平均每股當期純益（日圓）	66.8		130.2	
	股東資本比率（%）	34.1		34.7	
	營業活動的現金流量	2.1		3.9	
	投資活動的現金流量	2,558,530	6.7	2,204,009	5.3
	財務活動的現金流量	2,850,184	8	2,116,344	6
	現金及該當現金等期末餘額	277,982	1	434,327	1
	員工人數（人）	1,865,746	4.9	2,080,709	5.4
	平均臨時雇用人數（人）	59,160		66.396	
	合計　人員（人）	379,750		384,112	

	科目／決算期	2010年3月期 公司整體	2010年3月期 員工每人平均財務報表	2011年3月期 公司整體	2011年3月期 員工每人平均財務報表
個別（單獨）	營業額	8,597,872	107.1	8,242,830	105.8
	稅前淨利	328,061	4	480,938	6
	當期純益	26,188	0.3	52,764	0.7
	員工人數（包含臨時）（人）	80.292		77.878	
	製造成本中的勞務費	607,658		582,807	
	管銷費用中的人事費	136,205		131,683	
	人事費合計	743,863	9.3	714,490	9.2

出處：豐田汽車的財務報告書

▼算算看，你有幫公司賺錢嗎？

若公司無法每年度持續產生利益，中長期來說就難以有所成長。連續三年赤字的話還有可能負債過高，甚至面臨破產的可能。

付給公司全體員工的薪資，購買原料材料或商品，支付各項經費或稅金之後，為了要留下最終的5％的利潤必須有什麼樣的損益結構？這都因為公司的業種、業界生態、微妙之處而各有差異，但是究竟員工要幫公司賺到年收的多少倍，公司才會有利潤？

■從不同行業看員工的個人損益表

這裡以分別任職於服務業、製造業、零售業，年收約500萬日圓左右的人為例，做出平均員工損益表來做個比較（請參考下頁的圖表）。

我們利用於東京證券交易所上市的富士軟體、大正製藥、MEGANE TOP這三家公司2011年3月的財務報告書來製作。因為連結基礎（集團企業整體數字）的報告書中沒有公開人事費用的資料，所以我們把個別（只看上市公司）的財務報表數字抽出來，試著做出員工每人平均損益表。結果，**這三家公司算出來的結果，表現出各個業種特色的損益結構。**

系統整合公司富士軟體，**營業額有一半都拿去支付人事費用，剩下的則花在外包費、**

● 服務業、製造業、零售業，3個業種的人均損益表

◆將3個業種加以比較之下：

2011年3月	服務業			製造業			零售業		
	富士軟體（單獨）			大正製藥（單獨）			MEGANE TOP（單獨）		
	百萬圓	營業額結構比	人均損益表（千圓）	百萬圓	營業額結構比	人均損益表（千圓）	百萬圓	營業額結構比	人均損益表（千圓）
營業額	71,249	100%	11,674	197,322	100%	52,052	53,052	100%	15,608
銷貨成本	54,264	76%	8,891	65,500	33%	17,476	16,672	31%	4,905
銷貨毛利	16,985	24%	2,783	131,822	67%	35,171	36,380	69%	10,703
管銷費用	15,067	21%	2,469	95,216	48%	25,404	30,993	58%	9,118
營業利益	1,918	3%	314	36,606	19%	9,767	5,387	10%	1,585
當期利益	2,147	3%	352	29,990	15%	8,002	2,677	5%	788

	富士軟體	大正製藥	MEGANE TOP
員工人數（含臨時）	6,103	3,748	3,399
平均年齡（歲）	34.7	41.1	34.0
平均在職年數	7.5	16.1	6.7
平均年薪（千圓）	4,921	7.782	4,610

	富士軟體	大正製藥	MEGANE TOP
原價・工資	26,701	6,097	150
管銷費、人事費	9,317	17,313	14,199
合計	36,018	23,410	14,349

	富士軟體	大正製藥	MEGANE TOP
賺到薪水的幾倍？（營業額÷人事費用總額）	20 倍	8.4 倍	3.7 倍
平均人事費（人事費用總額÷員工人數）	5,902 千圓	6,246 千圓	4,222 千圓

折舊費、設備費等，只剩下3%的利潤，將軟體開發公司稱為「人事費生意」也不為過。

藥品製造商大正製藥，營業額總利潤率（毛利率）67%，雖然非常高，但是48%花在管銷費用上，最終留下15%的利潤。在管銷費用中佔很大比例的是廣告宣傳費、促銷費、研究開發費這三項，總計達到營業額的24%，人事費用約佔12%。就如同過去會覺得「藥的價格是成本的九倍」，**藥的售價的確比成本高出很多，毛利也很高，但是不花錢研究開發就做不出新製品，不宣傳就賣不出去。**

開設許多分店的眼鏡販售業MEGANE TOP，與大正製藥一樣，營業額總報酬率（毛利率）非常高，有69%，人事費用、租金、廣告宣傳費等管銷費用花費了58%，最後留下的利潤是5%。**毛利很高的眼鏡業若不開很多分店就無法大量販售，而多開分店就要花27%的人事費、11%的租金費用以及其他相當大的維護費用。**

將3個不同業種的人均損益表比較過後，可以發現3點：

❶成本中的勞務費用是從製造成本中抽出來的，但是管銷費中的人事費用則是從損益表本身與註記中認為應是人事費用的科目加總，所以並不一定正確。

❷關於臨時員工的數量，富士軟體為52人、大正製藥為207人，均包含在員工人數中，但是MEGANE TOP則有1670人，非常多，所以計算出來的平均人事費用就比較低，請注意。

❸各業種的損益構造（上表的營業額結構比）與「賺到薪水的幾倍？」差異之大，實在令人訝異！

■業種不同，指標數字也大不同

接著，每人每年平均人事費則各為590萬24日圓（富士軟體）、624萬6千日圓（大正製藥）和422萬2千日圓（MEGANE TOP），用營業額除以人事費用總和，就會分別得到2.0倍、8.4倍、3.7倍的指標數字，差異之大讓人訝異。

不過MEGANE TOP的員工裡面大約有一半，也就是有1670人是臨時員工（以每天8小時換算的年平均雇用人員），因此，計算出平均人事費用時，必須把人數打個折扣再去除。若把臨時員工人數減少3成來計算，就成為495萬1千日圓（約為5百萬）。

若看MEGANE TOP的平均員工損益表，則顯示出若每個人一年當中不能創造1560萬日圓以上的營業額，利潤就不會到5％。把這個數字除以12，改成1個月，就變成（每位員工每個月必須創造的營業額）130萬日圓，再除以22（員工每月上班天數），則每天平均是6萬日圓。

員工人數也包含了製造工廠、管理部門、物流等營業店鋪以外的人數，因此營業店鋪的負責人一天最少要賣到7～8萬日圓左右才可以。顧客平均單價若為3～4萬日圓，那麼平日1人、星期六日各賣給3～4人就達成了。實際上的情況或許不盡相同，但是如果眼鏡的平均單價更低一點，那麼要達成這個數字就相當辛苦了。

觀念15

「庫存」就是損失！務必削減到最低量

做生意賺錢的源頭「庫存」，以各式各樣的型態存在，是商品、製成品、半製品、原料材料、儲藏品等的總稱。不用說，庫存當然是錢變出來的。零售業出現暢銷商品時，就會形成「賣出↓進貨↓賣出」的良好循環，錢就會不斷滾動。然而，**賣得不好的商品滯留庫存，或是顧客退回的商品沒辦法退給進貨廠商的話，這些錢就等於死掉了。**

▼「滯留庫存」是妨礙金錢流動的老鼠屎

製造商的製品，即使為了在期末抬高銷售硬是賣給批發商，但若不是暢銷品，通常在下一期就會被退貨，沒人要收。原料材料的庫存也是，生產計劃與適切的銷售計畫連動，**如果不是適切的庫存就一定會出現滯留的難題。**

建設業稱在製品為「未完工程支出款」，若在拿不到訂金的情況下承包長期工程，那麼在建設完成之前會有很長一段期間處於「現金在沉睡」的狀況。**庫存控管是企業的生死問題**，因此，即將面臨倒閉的企業在重整時，常見情況是從「裁員」和「削減庫存」開始著手。

另一方面，庫存管理的工作、銷售計劃與銷售管理業務、對顧客的授信、物流、採購計劃與採購業務等，各種業務程序都是連動的。若不讓這些業務有系統地連結、順利地循環，就會造成庫存過多，或相反地庫存過少造成缺貨。由於下游固定往來的廠商倒閉，導致上游堆積大量庫存而引起連鎖倒閉的情形也很常見。因此，為了不讓庫存滯留，要如何保留適當的庫存量讓金錢流動，就成為經營的要點。

▼用數字管理，快速掌握滯留庫存

維持低量滯留庫存，或注意庫存進出流動速度，同時要避免庫存不足的情況，並不是簡單的事，卻也並沒有那麼困難。

以製造商的情況來說，大量生產某項製品時，第一次就大量製造容易失敗，因此會採用先做一半的量，視銷售狀況再追加生產的方式。關於銷售情況，不只是對貿易商或盤商的銷售情形，還必須觀察末端零售店的銷售情形。如果零售店的銷售情況不好，就會被退貨，追加生產只會更慘。

■把過程數字化，一有變動就要採取行動

採購商品販售的零售業，庫存有四種：店頭的庫存、倉庫的庫存、在途中的庫存、

向製造商下訂單的訂單餘額。**觀察這四種庫存的合計（總庫存）和銷售情況，進行均衡管理，稱為「製造銷售均衡管理」**。

以每週一次的頻率注意製造銷售均衡，決定是否要追加訂單、或是以後都不下訂單；是要降價清貨還是要賣到暢貨中心；或是如果賣剩的話要不要抱到下一季等等。重要的是，**把產生庫存的每個過程都數字化，觀察這些數字變化，然後盡早採取行動**。

努力改善後，**若在接近期末時還是有滯留庫存的情況，就在下一期降價出售（調整帳簿上的價格），或是決定要廢棄處分**；如果是廢棄處分，就在期末的時候實施。減價調整在稅務上多不被認定為損失，還是會課稅，所以還是應該趁早做決斷，意味著承擔起賣不出去的責任。

▼最高目標就是，「零庫存」！

如果考慮大幅削減庫存，單單只是在月底或期末結算時減少並沒有什麼意義。庫存製成品的情況是，得從製造工程的原料材料投入時起，到最後製品完成出貨時為止，在所有工程上推動根本性的合理化與效率化，努力縮短交貨期，而出貨後的流通庫存也必須削減。

像這樣的安排，應該是由經營高層主導，當作是全體公司的經營革新運動，在這樣的過程中，創新的幼苗會培育得更茁壯。此外，流通庫存的削減還必須要有販售公司或貿易商、盤商的幫助才能辦到。

■每一個程序和合作對象都要配合

商品零售的理想狀況是「飛也似地賣掉」，而製造商則是「純接單生產」。如果可能的話，從商品做好到消費者拿在手上，**任何一個製造工程、流通過程中都要很有效率，才能實現「無庫存物流」**。

豐田汽車的JUST IN TIME（JIT）生產方式世界知名，可以說這是接近無庫存物流的方法。不只是美國的汽車產業，JIT也成為世上各式業種的參考標準。

有必要的東西，在有需要的時候，只生產所需的量，特別是把製品的庫存量都控制在最低，聽來簡單，卻是長年在每項程序交接與資訊的往來上花了許多工夫，才研究出最佳的方法，同時也需要豐田汽車旗下所有的下游公司全面合作，才有辦法達成的。

■改善作業流程，剔除造成「浪費」的步驟

另一個值得參考的實例是迴轉壽司「SUSHIRO」，該公司以連鎖店方式展店的AKINDO SUSHIRO，在2011年達到業界市佔率20％，衝出營業額冠軍的成績。

高品質的壽司材料是他們的強項，SUSHIRO的成本率約50％，比其他公司來得高。讓人訝異的是，他們在2004年時顛覆了業界常識，廢除了中央廚房制度。採購進來的新

鮮魚類都在各店鋪切開，並且米飯也由各店鋪自己煮。計時人員比其他公司多，人事費用率也高，**但是在高成本率背後有的是活用工程管理、使食材的廢棄損失控制在最小範圍內的「迴轉壽司綜合管理系統」架構。**依來店顧客的停留時間或客層，隨時改變在輸送帶上旋轉的商品，預測出一分鐘後與十五分鐘後店內的狀況，以削減使用過多食材或丟棄壽司造成的損失（《日經商業》雜誌2011年12月12日報導）。**這是將觀察來店顧客與分析料理台作業程序產生連動的科學方法**，形成了美妙的結果。

雖然完全無庫存在執行上很困難，不過有機會可以達到像豐田汽車這樣，在任一製造工程中都只保留最低限度的庫存量體制。不只是製造商，任何一個業種都可以把個別工程流程分解，例如剛剛提過的外食餐飲業AKINDO SUSHIRO。

改善各工序的業務流程，將可以控制成本率並削減廢棄損失，甚至可以維持對其他競爭公司的價格競爭力。自己公司要花什麼樣的工夫才可能做到，一定要試著執行看看。

觀念16

找出獲利最高的「折舊攤提」年限

如果是經營者或商人，即使與會計、財務無緣，對「折舊攤提」這個詞也該很熟悉。光是這個詞足以出一本專書，因此在有限的篇幅中很難完全講清楚，但是我希望各位在讀了這部份之後，可以多少理解一些。

▼很難理解的折舊攤提，這樣想就簡單多了

現在，先假設你用1千萬圓買了一台耐用年限10年的製麵設備，準備開始製作並販賣麵食。

假設第一個年度營業額是2千萬圓，原料材料費6百萬圓、勞務費用（製造業的人事費用）8百萬圓、各項經費3百萬圓，則若將製造設備的1千萬圓在第一個年度就全部列計為費用，就會出現7百萬圓的赤字。如果是這樣的損益結構，從第2年開始，有關設備的費用負擔就成為零，直到10年後更換設備每年都會有3百萬圓的利潤。這樣好嗎？好像哪裡怪怪的。

■固定期間內，逐年分配的相對應費用

這個設備可以使用10年，因此將1千萬圓除以10，每1年逐步攤提折舊費用來計算，會比較符合實際狀態。費用在設備使用的期間內「相對」地慢慢發生，這麼想比較自然，這是將設備的負擔金額分攤到使用期間內的想法。

也就是說，「折舊攤提」是把為了提高銷售金額、利潤的事業目的而購買的固定資產金額，經由可使用的耐用年數（稱為耐用年限），在期間內逐年分配成相對應的「費用」的作業。

將折舊攤提說成是「**不伴隨現金的費用**」，也是因為買的時候就已經支付現金，但是卻從第二年開始才分成好幾次（好幾個年度）以「費用」計入帳簿，但計入時並不會支出金錢的意思。

若是固定資產，則有建築物、構築物、機械、器具零件、車輛搬運道具等有形固定資產，以及專利、商標、軟體等無形資產，甚至連動植物都可以是折舊攤提的對象。而土地則因為並不會隨著時間經過有一定的折舊，因此不攤提。

▼折舊攤提的算法和「年限」與「生產數字」相關

折舊攤提的思考方法，是依以下幾種假設為基礎才成立：

❶耐用年限。因為不知道該資產究竟能夠使用幾年，所以假設「大概數值」。有很多公司是使用法人所得稅法規定的使用年限，也因此受到法定耐用年限束縛。

假設某製造商的主要機械耐用年限規定為8年，儘管在這家公司裡實際上每隔五年就要更新機械（購買並更換），卻仍以8年來折舊。如此一來便不符合實際狀態。在這種情形下，就算超過法定限額（增加每年的折舊費用）、也就是即使要多付稅金，也應該在5年內攤提，這稱做「有稅攤提」。

❷每家公司對待及使用資產的方式及態度都不同，生產的忙碌時期也不一致，這些都會影響資產的耐用程度，因此法定的攤提年限本身就是個假設，應設定出自家公司能接受的攤提速度、頻率、程度的標準並使用。

❸攤提年限的計算方式，**有以每年一定金額的「直線法」、以一定比率折舊的「定率遞減法」、反應生產數字的方法攤提的「生產數字比例法」（對象僅限於固定資產）等**。稅法上認定建物是採用直線法，此外的有形固定資產用定率遞減法或直線法，無形固定資產用直線法。比起直線法來說，定率遞減法可以更快速、攤提更多的金額（參照下頁圖表），因此若以法定耐用年限為前提，則業績越好的公司就越傾向於選擇定率遞減法，以便早一點更新設備。

● 折舊攤提的2種方法

◆「折舊攤提」，是指將資產隨耐用年限分配「取得成本」的方法

依據「直線法」的期間分配

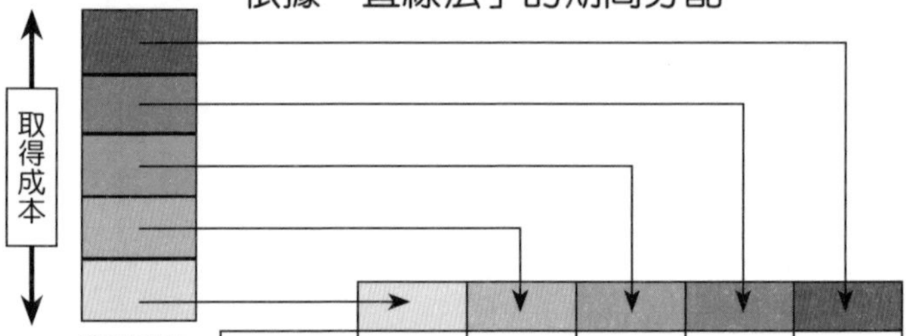

取得成本
250
假設以5年均等攤提

	第1年	第2年	第3年	第4年	第5年
折舊費用	50	50	50	50	50
期末帳上餘額	200	150	100	50	0

→期間

➔折舊費用金額每年都相同

依據「定率遞減法」的期間分配

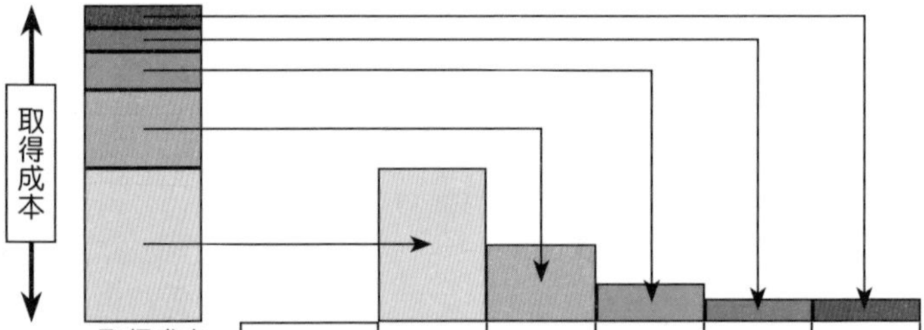

取得成本
250
假設折舊率為0.5

	第1年	第2年	第3年	第4年	第5年
折舊費用	125	62.5	31.3	15.6	15.6
期末帳上餘額	125	62.5	31.2	15.6	0

→期間

➔折舊費用逐漸遞減

說明：以上假設固定資產的耐用年限為5年。

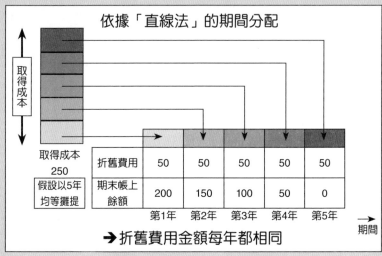

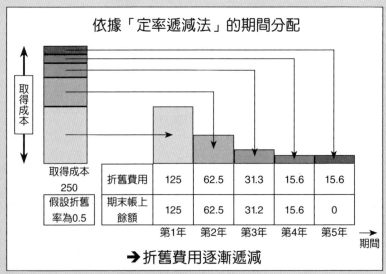

▼估算並自定最有益的「耐用年限」

折舊的方法，就如日本的中小企業採用法人所得稅法的基準一樣，建築物採用直線法，此外多採用定率遞減法，海外的企業則多採用直線法。**在經濟急速成長的時期，很適合採用定率遞減法，但是零成長甚至負成長的時候，一切都採用直線法才適當。**

不過，多數的上市公司不採法定耐用年限，而用「配合公司有形固定資產實際使用狀態的預估耐用年限」來計算。這樣就會產生有稅折舊，多少會早一點、並支付多一點法人所得稅，但是在計算上，當該資產報廢或脫手時多繳的稅金也會退回來。從取得資產時開始算起並沒有太多損失，縱使有的話也相當於利息的金額。

■變通成幫助獲利的數字

Panasonic公司在折舊攤提上是使用「伴隨技術革新因應資產的陳腐化，將固定資產以種類別設定合理的耐用年限，依據直線法攤提」，而日本電產公司則採「本公司及國內子公司主要採用定率遞減法」，同時清楚表明「這些公司的製品循環很短，並且由於技術的急速變化而採行早期更換設備」的實際使用狀態。

令人驚訝的是，在日本電產公司的連結財務報表中，電腦硬碟用的馬達工廠大部分是以10～20年、在個別財務報表中，機械及裝置則是以2～9年去攤提，甚至由此可以感受到「**慢慢用法定耐用年限攤提，會在競爭上輸掉，因此用自家的特定耐用年限來攤提！**」的考量。

體質健康的好公司，如果現在還用法定耐用年限折舊的話，應該考慮一下配合公司的實際使用狀況，變更為適合公司現狀的耐用年限。

誠如方才所述，以法人所得稅法來說，建築物用直線法，其他的有形固定資產都只能用直線法或定率遞減法其中一種。因此，如果有公司過去除建築物以外的有形固定資產一直採用直線法來折舊的話，在縮短預估耐用年限的同時，可以檢討一下，改採定率遞減法。

大企業因為生產設備轉移到海外，或是收購海外企業而使用直線法的海外關係子公司增加了，總公司與國內子公司也變更為採用直線法的公司也增加了（《日本經濟新聞》2012年1月5日早報）。**這是因為在歐美以直線法佔多數，國際財務報導準則（IFRS）也要求國內外的會計處理方法要統一。**

■防止操縱利潤，同一會計計算方式需用3年以上

不過必須注意，若沒有正當理由就變更原本採用的會計處理方法，並不妥當。不可為了一時方便，就不斷改動，同樣的方法應該持續採用至少3年以上。

要求一家公司持續採用相同的會計處理方法，是為了「防止操縱利潤」及「方便與

● 有形固定資產的折舊攤提方法

公司名稱	連結報表		個別報表	
小松製作所	基於預估耐用年限主要為直線法	平均攤提率建築物約為9%，機械或其他裝置約23%	定率遞減法	建築物5～50年、構築物5～60年，機械及裝置5～17年，工具器具及零件2～15年
PANASONIC	主要採直線法，以預估耐用年限為基礎計算	建築物及構築物5～50年，機械裝置及零件2～10年	因應伴隨著技術革新的資產陳腐化，固定資產依種類別設定合理的耐用年限，以直線法攤提。	
豐田汽車	以資產的區分、結構及用途預估的耐用年限為基準，總公司及日本子公司採定率遞減法，海外子公司採直線法。		攤提的方法依照定率遞減法，耐用年限、殘值則採用與法人稅法規定的相同基準。	
日產汽車	將耐用年限做為預估耐用年限，殘值做為實質的殘值採用直線法。		直線法	耐用年限就是預估耐用年限，殘值就是實質的殘值（小額折舊資產）。取得成本在10萬圓以上20萬圓以下的資產，基於法人稅法的規定，分3年以均等價值折舊。
7&I HOLDINGS	母公司及國內相關子公司（百貨公司除外）採定率遞減法，百貨公司主要採用直線法，海外相關子公司為直線法。		定率遞減法	
迅銷集團	直線法	建築物及構築物3～50年，器具零件及搬運工具5年。	直線法	建築物及構築物5～10年、器具零件5年。
日本麥當勞控股公司	直線法	建築物及構築物2～50年、機械及裝置2～15年、工具器具及零件2～20年。	直線法	建築物2～40年、構築物2～50年、工具、器具及零件2～20年。
KYOSERA	以預估耐用年限為基準，主要採定率遞減法	建築物2～50年、機械器具2～20年。	定率遞減法	建築物及構築物2～33年、機械及裝置、工具、器具及零件2～10年。
日本電產	母公司及國內子公司主要採定率遞減法，這些公司因為製品生命循環短及劇烈的技術變化因此設備更換速度很快。海外子公司採直線法。	有關預估耐用年限，HDD用馬達工廠大部分為10～20年，其他製品的生產工廠為7～47年，總公司、銷售事務所為50年、建築物附屬設備2～22年、機械裝置2～15年。	定率遞減法	但是，1998年4月1日以後取得的建築物（建築物附屬設備除外）採用直線法。建築物3～50年、機械及裝置2～9年。

過去的財務報表做比較」，但是景氣不好的話，投資在設備上越鉅額的企業，就越會想從定率遞減法變更為採用直線法也是事實。

日產汽車公司在2000年度將折舊攤提的方法從定率遞減法變更為直線法，折舊攤提費用跟過去使用定率遞減法時比較，足足減少298億日圓，採用直線法之後很明顯的出現觸底反彈的情況。

觀念17

事前處理，就能避免「呆帳」

在財務報表上，特別是資產負債表的科目中和現金存款、庫存（資產盤點）一樣重要的，就是應收帳款、應收票據等「應收債權」。由於到收回現金為止都是未回收債權，所以越是長期停滯利息損失就越多。從現金流量的結構看來，大原則是「盡量早回收，盡量晚支付」。

▼事前做好「防止風險」的預防措施

大多數公司管理應收債權的單位是「會計、財務部門」，實務上這並不是最佳選擇。**會計、財務部門雖然可以事後處理呆帳，但是在呆帳發生前卻無法採取什麼事前處理的措施。**事前處理，就是「預測然後行動」，或是「防止風險發生搶先採取行動」的意思，但在商業實務上卻是非常重要的概念。

事前處理並不用花太多錢，而事後處理會牽扯到的人和時間多，要花的錢更多。

若有單獨專門管理應收債權的部門就另當別論，但是能夠事前處理應收債權的，只有業務的負責人而已。既然是自己負責授與客戶信用才促成買賣，因此應該在帳款回收完畢之前都要負起責任。

▼100萬的呆帳，要用多少銷貨收入才能抵？

如果前年度營業額中的100萬圓應收帳款，因為對方倒閉而無法回收的話，就單純只是100萬圓的損失（呆帳損失）嗎？

表面上看起來似乎如此，但是在當期中要取回這個損失（用下一筆交易的利潤來彌補），該怎麼做才好呢？假設毛利率（營業額總報酬率）為20％的公司，就須要有100萬圓÷20％＝500萬圓的營業額。

況且，事情還不是這樣就結束了。假設這新的500萬圓交易是以全額現金回收，這部分的利潤只是用來彌補之前損失的破洞而已，對公司整體的利潤完全沒有幫助。更進一步的說明請看下頁圖表。沒有呆帳的的案例經常報酬率為9％，可是和為了彌補呆帳損失進行的交易加總起來的案例，就落到8％了。可以發現為了保有原來的9％，必須比當初增加909萬圓以上的營業額才行，對於公司經營來說，這是件很辛苦的事。

與其事後哭泣，不如一開始就不要賣給沒有信用的人，確實管理信用額度是非常重要的。

● 要彌補應收帳款呆帳損失的100萬圓，必須要有多少營業額？

	① 當期（無呆帳的情形）		② 當期（有呆帳的情形）		③ 彌補呆帳損失的交易		④ （2＋3）		⑤ 必須要賺到與相同的稅前淨利	
	金額（萬圓）	比率（%）	金額（萬圓）	比率（%）	金額（萬圓）	比率（%）	金額（萬圓）	比率（%）	金額（萬圓）	比率（%）
營業額	5,000	100	5,000	100	500	100	5,500	100	5,909	100
銷貨成本	▲4,000	▲80	▲4,000	▲80	▲400	▲80	▲400	▲80	▲4,727	▲80
毛利率	1,000	20	1,000	20	100	20	1,100	20	1,182	20
管銷費用	▲550	▲11	▲550	▲11	-	-	▲550	▲10	▲550	▲9
稅前淨利	450	**9**	450	**9**	100	20	550	**10**	632	**11**
呆帳損失	-	-	▲100	▲2	-	-	▲100	▲2	▲100	▲2
稅前淨利	450	**9**	350	**7**	100	20	450	**8**	532	**9**

要完全彌補損失，
就必須讓稅前淨利相等。

★產生100萬圓應收帳款呆帳時，為了彌補損失必須提高營業額500萬圓（③）。然而與沒有呆帳損失的情況（①）相較之下，稅前淨利雖相同，但經常報酬率卻是下降的。為了要補回這一點，如⑤，就必須提高營業額909萬元才行，受害相當大。

▼預防措施❶調查對方經營狀況的「授信管理」

正如剛才看到的，為了彌補呆帳，其中的辛勞絕非一般。為了避免呆帳，重要的是事前處理，也就是在交易開始前進行的「**授信管理**」。

先從現金交易開始，隨著交易量慢慢增加後，在某個時點變更為記帳交易，收取帳款的條件也隨之變動。這時候，決定最多可以賣給對方多少金額，就是一種「授信行為」。**就如同字面的意思「授予信用」，不只該向交易對象詢問經營狀況，還必須從徵信機關獲取判別信用的資訊。**

很少有中小企業實施授信管理，中堅企業也意外地少有人徹底實行，可以說瞭解授信管理重要性的經營者非常少。

有些經營者會有以下的想法：「與其花時間做授信管理的調查，還是以讓客人買我們的東西為優先吧！」但是出問題時要負責的人是經營者，沒人知道什麼時候會發生連鎖倒閉，即使對方是上市公司，還是該做好授信管理。

▼預防措施❷債權管理上該注意的5件事

並不是只要決定好交易條件、做好授信管理就可以了，要如期進帳才算完成債權管理。訂出制度後，就要多多善加利用。以下說明在債權管理上該注意的5個地方：

❶**隨時掌握交易對象的營業狀態**。有時候也須要常到客戶處拜訪。

❷**如果超過授信額度，就要判斷是否停止出貨**。若研判不停止出貨，須記錄判斷的依據理由，之後依據貨款回收狀況修正授信額度。

❸**將交易對象的營業狀況資訊分享給接單、出貨的部門**。

❹**如果有似乎會倒閉的傳聞，須立刻向徵信調查機關或金融機關處取得資訊**。

❺萬一對方倒閉，**要能立即反應，停止出貨**。

我要不厭其煩地一再強調：實務上的事前準備很重要。事前準備不用花錢，但是事後收拾殘局牽扯到的人和時間越多，錢就花得越多。**要防止發生呆帳，事前準備是最有效的方法**。

第 4 章

老闆想要的人才，
一定是會看「關鍵數字」的人

善用「數字魔法」，不用猛開會、狂加班，
也能即時解決問題！

觀念18

12個經營指標數字，就能「診斷全局」

身體健康檢查診斷結果會被以指標（數值）表現出來，若超過標準值的範圍就會被認為是「異常值」，如果出現症狀或許還能理解，但是沒有症狀出現時，結論就是「經觀察疑似是〇〇症」，讓人感覺芒刺在背般地不快。

實際上由於身高、體重、內臟脂肪比率，和工作類型、運動量、抽菸、喝酒等生活習慣的差異，診斷數值也會出現個人差異。「決定標準值」本身，就已經是不容易的事情了。

▼分析和比較，第一時間做出預算計畫調整

診斷公司經營狀況的經營分析指標也一樣，很難一概去判定「×比率超過了〇％就是異常值」。然而，**依據❶「與其他同業公司的比較分析」及❷「自己公司連續幾年的財務報表分析」，可以分析出收益或成長傾向到哪個程度**，是非常有意義的事情。

在❶「與其他同業公司的比較分析」方面，東京都產業勞動局的調查報告書很有幫

助。「東京都中小企業業種別經營動向調查報告書」，每年都會在東京都的網站上公開。**這是將東京都內中小企業的經營實態，透過分析最近的財務報表的方式揭示，計算出103個業種別的收益性、生產性、安全性等相關財務指標。**

到2005年為止，中小企業廳也會公佈業種別的經營分析指標，但是現在卻只有財務報表的統計。是否是因為沒有做經營分析的預算、還是因為事業分類的緣故，不得而知。不過，過去的分析結果至今還在網站上公開，隨時可查詢。

❷「自己公司連續幾年的財務報表分析」是指，利用如統計軟體等方法，把連續5年的財務報表排列起來，分析各個會計科目的增減情形。

■所有數字排開，營業狀態一目了然

從營業額、銷貨成本、毛利（營業總利益）、銷售費用及一般管理費、營業利益、稅前淨利等損益表上的科目，到現金存款、應收帳款、存貨資產、有形固定資產、應付帳款、借款（長期及短期）、純資產、總資產等資產負債表上的科目，全都一字排開，看看數字增減的演變，就可以看出很多事情。

「此年度由於主要的事業部門發生許多調降售價的情形使毛利下降，相較於前期營收利潤減少，但是第二年營業額微幅增加，A或B等等的成本削減成功使收益增加。」將自己公司的實際經營狀態客觀地分析記錄下來，對今後的經營管理非常有效。

名稱（單位）	公式	說明	好的比率標準	優勢面
		的道理。不論有無支付利息，都可以調整股利分配。		
❽總資產週轉率（次）	營業額÷總資產	以少數的總資產（總資本）賺更多的錢，這是最具效率的。這個比率越高，週轉率越高就表示投入的資本效率性高。**這個數值會因為有沒有固定資產，或是業種不同而有很大的差異。**	1.2 次	數值大
❾營業額成長率（%）	營業額增加金額÷前期營業額	雖然難以判定將來是否會持續成長，但是至少公司看起來營業額持續 3 年成長都在 10%以上。然而，也有總資產可能會隨之增加的危險徵兆，**將資產成長控制在營業額成長率以下才是明智的。**	10%以上	數值大
❿稅前淨利成長率（%）	稅前淨利÷前期稅前淨利	**不只是營業額成長率，稅前淨利成長率也是判斷成長性的重要因素。**在基本的損益結構中，能讓營業額稅前淨利成長率盡可能的成長，才是勝負關鍵！	10%以上	數值大
⓫當期每股利益（圓）	當期利益÷已發行股數	用已經發行的總股數，除以稅後當期利益得到的金額，是一個指標。由於會因發行的股數而有所差異，因此沒有一定的標準。在上市公司，比較這個金額和股價，看看高出多少（稱為 PER 指標），是判斷是否投資的基準。	100 圓～數百圓以上	數值大
⓬每股純資產（圓）	自有資本÷已發行股數	如果公司現在解散，把財產分給股東的話，每 1 股可以分到多少錢。**如果跟自己當初出資的金額相比，損益就很清楚了。**標準的 250 圓就是當初發行的股價（現在已經沒有面額的概念）50 圓的 5 倍。這也會因為發行股數而有不同，不能一概而論，為保守起見的數字。	250 圓～數千元以上	數值大

● 一定要記住的12種經營分析指標

名稱（單位）	公式	說明	好的比率標準	優勢面
❶流動比率（%）	流動資產÷流動負債×100	用現金存款或一年以內應會現金化的流動資產，除以 1 年內要支付的所有流動負債，若得到 100%以下的結果就等於是完全的資金短缺。**相反的若有 200%以上，就是財務上很優良的公司。**	140%以上	數值大
❷固定長期適合率（%）	固定資產÷（固定負債＋自有資本）×100	在自有資本範圍內，可覆蓋固定資產的公司便沒有問題，但是至少希望能在長期借款、或公司債等固定負債加起來的金額範圍內投資設備（此比率在 100%以下）。	100%以下	數值小
❸銷售債權週轉期間（月）	（應收帳款＋應收票據）÷平均每月營業額	顯示出剩餘的債權相對於幾個月分的營業額。針對每種債權調查，應適度管理，以避免長期滯收。**如果回收遲於回收條件，則應有立即停止販售的機制。**	3 個月以內	數值小
❹存貨週轉期間（月）	存貨資產÷平均每月營業額	顯示出庫存量相當於幾個月分的營業額。在製造業，分母多用銷貨成本而非營業額。庫存越多，就表示現金在沉睡，**若能實現無庫存物流是最理想的境界。**	0.5～1 個月	數值小
❺總資產當期報酬率	當期利益÷總資產	顯示加上借款負債的所有財產，在稅後能賺多少錢。**如果太低，就應停止營業，轉換到其他能獲得高報酬的方向**——雖然現實中不太可能這麼順利。	1%以上	數值大
❻經常報酬率	稅前淨利÷營業額	若能採取不斷的修正成本率、削減、改善營業額管銷費用比率、改善金融收支等措施，這個比率應該就會提高。不應是營業額至上主義，也要重視報酬率。	3%以上	數值大
❼自有資本比率	自有資本÷總資產	不應該抱太多必須支付利息的借款或公司債（所謂的有利息負債），而是由股東出資、盈餘累積等等的自有資本在總資產中佔越多比例越好，這是不問自明	30%以上	數值大

▼讀懂指標數字，就能早一步行動

剛才所說的東京都調查報告書也是如此，利用常見或教科書上的經營分析指標來做對象公司的經營分析。

對此，有總資本（總資產）當期報酬率、自有資本（股東資本）報酬率、自有資本比率、總資本（總資產）週轉率、營業成長率、稅前淨利成長率、每股當期利益、每股純資產、流動比率、固定長期適合率、應收債權週轉期間、存貨週轉期間、營業經常報酬率等分析指標，除此之外一些經營分析專門書籍中也揭載著許多指標數字。

建議各位讀者將上頁圖表揭載的12種指標，包括公式的意義和比率的標準都記下來，絕對沒有損失。不過，比率的標準因為業種的不同多少有些差別，所以請當成參考值就好。另外，此處雖沒有提到，**「損益兩平點」也是非常重要的數字**，之後在P143會另外詳述。

觀念19 用兩個比率，算出「利益效率」

將當期利益除以總資本（總資產）的「總資本當期報酬率」，與營業額除以總資產的「總資產週轉率」，這兩項在經營分析中是基礎中的基礎。

▼財務分析看兩個比率：「總資本報酬率」與「總資產週轉率」

「總資本當期報酬率」的數值越高，就表示投入資金可以賺到更多利潤。這個比率稱為ＲＯＡ（Return On Asset），和ＲＯＥ（Return On Equity＝股東權益報酬率）一起，經常在報章雜誌與書籍中出現。也有企業把這兩個這2個指標以「ＲＯＡ 5%、ＲＯＥ 12%」為目標。

「總資產週轉率」的數值越高，就表示投入的資金可以獲得更高的營業額。計算出來的結果若是「2次」，就表示營業額等於投入的總資產在一年間翻倍了的意思。

▼營業額成長時，要注意總資產的「借款」是否增加

與這兩個指標密切相關的，是「總資本當期報酬率」。

總資本當期報酬率＝總資產週轉率 × 當期營業報酬率

總之，總資本當期報酬率（ROA）是將總資產週轉率與當期營業報酬率互乘產生的，**因此，為了提高總資本當期報酬率，只要「提高總資產週轉率」與「當期營業報酬率」就可以了。**

■做了多少努力，數字會老實說

公司開業的時候，會把自有資本或銀行借款、應付債務等一起投入的所有資金（總資產），轉化為庫存或固定資產等各種形式的資產，變成本錢創出銷售得到利益。若資金運用的效率差，這三項指標就會顯示出不好的數字。數字是誠實的，只要看著每年的數字演變，就知道經營是經過了多少的努力，成果立見分曉。

這三項指標非常重要，但是做企業分析時，我會在意的卻是其他的指標：**「營業成長率」與「總資產成長率」**兩者間的關係。

■營業額成長率＜總資產成長率➔危險！

除了營業額成長之外，若總資產——特別是借款，也一起增加的話，就要注意經營

● 總資本報酬率＝總資產週轉率×營業報酬率

經營指標	總資本當期報酬率		總資產週轉率		當期營業報酬率
算式	當期利益 / 總資本（總資產）	＝	營業額 / 總資產	×	當期利益 / 營業額
單位	%		次		%
迅銷集團 2011 年 8 月期	54,354 / 533,777	＝	820,349 / 533,777	×	54,354 / 820,349
	10.18%		1.54 次		6.63%
豐田汽車 2011 年 8 月期	408,183 / 29,818,166	＝	18,993,688 / 29,818,166	×	408,183 / 18,993,688
	1.37%		0.64 次		2.15%
Koshidaka Holdings 2011 年 8 月期	2,877,514 / 18,454,908	＝	29,093,573 / 18,454,908	×	2,877,514 / 29,093,573
	15.59%		1.58 次		9.89%

（以上單位：百萬日圓）

★迅銷集團（UNIQLO）和Koshidaka Holdings，兩者與豐田汽車相比之下，總資產週轉率高，所以報酬率也高，也可以說總資產的投資效率很高。豐田汽車由於擁有工廠等自有固定資產總投資額也多，總資產週轉率必然很低。另一方面，迅銷集團的店鋪都為租借，由於不持有的經營使總投資額變少，總資產週轉率也變高。Koshidaka Holdings也是以卡拉ok店等為主，以簽約頂下既有店鋪的方式展店，總投資額也變少，總資產週轉率就提高了。

狀態了！總資產的成長率比起營業、利益的成長率更大的情況時，可以說資金（資產）的運用狀況惡劣，而且若借款成長率也增加，在經營上就有相當大的問題。借款是有利息成本的，借款規模越大，越不利於週轉，讓人聯想到得了「大企業病」，賺不到利潤而面臨倒閉的公司。

觀念20 看「損益兩平點」，算出「絕對獲利數字」

損益兩平點，是指費用（變動費＋固定費）與營業額達成平衡、正好讓損益為零的營業額數值。正如字面上「損與益兩者打平的點（營業額）」的意思。這是自己公司基本上損益結構的關鍵所在，所以是一定要知道的指標。

▼計算之前，先分清楚「固定費」和「變動費」

首先，一定要把所有為了提高銷售的費用分為「固定費」及「變動費」。**隨著營業數字的變化變動的就是變動費，而無論營業額有沒有變動、就算是零也一定會發生的費用，就是固定費。**

前一章中曾經提及，銷貨成本幾乎都屬於變動費，而銷售費用及一般管理費多為固定費用，少部分為變動費。然這樣判斷略嫌粗略，但必須適當地區分：銷售手續費、信用卡手續費、包裝費、搬運費等，**伴隨著銷售而發生（變動）的經費就是變動費。**

人事費用中，正式員工的人事費或董監事報酬全額都是固定費，至於計時人員的人事費就當作變動費來考量比較適合。即使不是100%的變動費，但因應各公司的實際出勤情況（排班狀況），可以區分出大約有五～七成左右屬於變動費。

要計算出損益兩平點，就要把固定費用除以邊際報酬率（用1去減掉變動費比率的數值）。也就是分子是固定費，分母是1減掉變動比率（變動費÷營業額）後的數值。

有既定的目標利潤時，將分子的固定費用加上該目標利潤去計算，就可以得出要達成目標利潤的營業額（損益兩平點）了。

▼越低越有利潤！降低「損益兩平點」的5個方法

計算出公司的損益兩平點之後，損益兩平點越低就越有利潤，因此只要思考降低的方法就可以了。以下是5個降低的方法：

❶削減固定費
❷提高邊際報酬率＝降低變動費比率
❸削減變動費
❹提高售價
❺增加銷售數量

看起來容易，要實行起來卻很困難。除了要實際地逐項檢討，最難做到的是「確實

● 計算出你公司的「損益兩平點」

❶ 損益兩平點是什麼？

→ 費用（變動費＋固定費）和營業額達到平衡，損益正好為零的營業額。

❷ 算式為何？

$$\frac{\text{固定費}}{1-\dfrac{\text{變動費}}{\text{營業額}}}$$

❸ 你公司的損益兩平點是？

→ 首先將前一期的財務報表所有的費用（銷貨成本＋管銷費用）分為變動費與固定費。

❶變動費＝☐　❷固定費＝☐

❸營業額＝☐

$$\frac{❷\ \square}{1-\dfrac{❶\ \square}{❸\ \square}}$$

❹ 有目標利潤時，能達成此利潤的營業額為？

→ ❹目標利潤＝☐

$$\text{達成目標利潤的營業額}=\frac{❷\ \square\quad ❹\ \square}{1-\dfrac{❶\ \square}{❸\ \square}}$$

地執行」。第❺點「增加銷售數量」，雖然不會降低損益兩平點，但因為可以增加利潤，所以還是列在此處。

■降低固定費和變動費，把費用「變動化」

針對❶**削減固定費**，可以先交涉土地房租費用降價、搬到租金便宜的地方、縮小租借面積、刪減董監事報酬、縮小租賃物件等。❷跟❸可以藉著變更製造方式或變更款式、變更原料材料、增加購買原料材料的數量壓低價格、透過與製造商交涉使其降低成本（成本削減）、信用卡手續費降價的交涉、整合運輸公司交涉運費降價、將計時人員的排班制度精緻化（每天依據營業額比例調整出勤時間）等。除此之外，應該還有很多方法。

至於❹**提高售價**的做法，在通貨緊縮的時代可能不被認同，但是提高製成品及商品的價值＝品質（顏色、花樣、設計、原料材料等），讓消費者能接受的話就應該可以提高售價，並非不可行，後面第五章，我會談到日本麥當勞採用「提高售價」的好例子。另外，就算是舊有的商品，也可以透過部分提高及部分降低售價來做出差異，綜合下來，讓整體銷售平均單價提高也是很有可能的。

❺**增加銷售數量**也是，如成套販售或打折等，方法很多。在下一節當中要解說的拉麵店，可以增加在放在拉麵上的配料，或是把餃子和燒賣等，提供加點的單品小菜放到

菜單裡，配上適切的價格，只要夠美味，銷售數量就會確實增加。

最後的結果是要讓固定費接近零，把多數費用變動化，變動費也逐漸削減成本，讓變動費比率降低。

■費用變動的首選：人事費用

如果要把多數費用改為變動費用的話，第一個想到的就是「人事費用」。多雇用計時人員，或是將業務本身外包（委託外部作業），都是常用的方法。而由於正式職員必須維持長期生計，因此他們的薪資準備、社會保險費等很難更動成變動費。但是人事費用當中還有一項最應該改作變動費的，就是董監事報酬。

既然對員工說要依照實力分配成果，經營者自己的報酬支付標準就沒有理由是「固定報酬」。若能以每個月的營業額比例給與董監事報酬當然很好，但是在稅務處理上就無法做到。

稅法中，為了防止操縱利益，董監事報酬假設為每個月一定的固定費用，變動超出的部分則會被認定是董監事獎金加計為利潤，也就是會被課稅（如果滿足一定的條件也有免稅的時候，但是有限制）。

▼基本問題：拉麵店一天要賣幾碗才能賺錢？

由於職業因素，我進到任何餐飲店內吃飯，都忍不住會想，「這家店的營業額如何」、「回客率多少」、「賺不賺錢」等問題。在此就以拉麵店為例，思考關於損益兩平點的問題。

■先算出損益兩平點，再算每個月至少要賣出幾碗

在餐飲業中，拉麵店是門檻較低的一種，但店鋪數量多，競爭也很激烈。要追求和其他店家的差異化、增加回客率，為了生意興隆必須不斷努力。

假設每月每坪營業額（店鋪每1坪面積的每月營業額。在第5章會提到）是16萬日圓，店鋪面積是15坪，總共有25個位子。

年度營業額為2880萬，銷售成本是920萬、人事費用1050萬、房租240萬、折舊費用和租賃費用為290萬，其他各種經費為300萬。依此損益結構得到80萬的利潤。如果再付了稅金，利潤將所剩無幾。

如下頁圖表所示，區分為固定費與變動費來計算的話，就能計算出這家拉麵店的損益兩平點是一年2729萬，每月平均下來要227萬。

這個數字以這家店平均每客拉麵的單價800，每個月賣出2843碗（2729萬÷12個月

● 從拉麵店的損益兩平點思考，算出獲利公式

	年度（萬圓）	結構比（%）	變動費（萬圓）	固定費（萬圓）
營業額	2,880	100		
銷貨成本（材料費）	920	32	920	0
毛利率	**1,960**	68		
人事費	1,050	36	400	650
租金	240	8	0	240
折舊及租賃費	290	10	0	290
其他經費	300	10	30	270
管銷費合計	1,880	65		
營業利益	**80**	3		
變動費　合計			① 1,350	
固定費　合計				② 1,450

$$\text{損益兩平點的營業額} = \frac{②}{1-（①\div\text{營業額}）} = \frac{1,450}{1-（1350\div2880）} = 2,729\text{萬}$$

月平均227萬圓 → 800圓的拉麵幾碗？

月平均2,843碗 → 假設每月營業27天，1天為幾碗？

結論：1天賣105碗以上，就能賺錢！

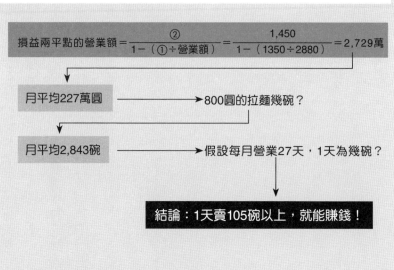

÷800）就能達成，但是在此數字之下並沒有利潤。若每個月營業27天，每天就必須賣105碗以上——很容易能設定「至少要賣幾碗」的目標。

來客數會因為店鋪的地點、星期幾或時間帶而有所不同，但是單價高的拉麵或酒類賣出較多的日子，就會比平常更早超越損益兩平點。訂出從開業起經過1年的時點，然後1年後、2年後的每個月、每星期、每天的目標營業額，再跟實績做比較。

觀念21

不是全部一樣，你得算出自家獨特的管理數字

大企業中，每個月必須固定在開董事會時報告每月決算。中小企業也會比較預算和每月決算的實績值，進行差異分析。此外，不妨在剛才提過的經營分析指標中選出對自己公司有幫助的經營指標，放在每月決算報告書中。每個月追著指標的變化，就可以看清楚很多東西。

▼用容易理解的圓形圖表，輕鬆說清楚現況

具體來說，像每月與累計的預算實績比較分析資料、現金流量表或是資金調度實績表與資金調度預定表、經營分析指標之外，可以再加上「訂單餘額」、「操作頻率」、「良率」、「來店客數」、「顧客投訴件數」、「ROE（自有資本報酬率）」、「契約數」、「缺貨率」或「營運現金流量」等等，對自己公司經營很重要的經營指標，制作成像儀表板一般的圓形圖表，做成任何人都很容易理解的資訊或警告信號，當成董事會報告資料。

經營者看著這個儀表板，有時加速、有時踩煞車、又有時轉動方向盤。這種資料不需要做出很多種，多的話反而會記不住，統整在一張裡面就好。從前面所講的12種經營分析指標中選出6種左右，製作成雷達圖就可以了。

這種每月報告資料是給經營者看的經營羅盤，像很多IT供應商的資訊系統傳票輸出軟體，就是以「管理儀表板」或是「管理駕駛艙」等名稱商品化。

▼不單以同業為基準，要有自己獨特的關鍵績效指標

持續成長的企業，不僅會比對預算與實績，除了利用一般的經營分析指標，更擁有自己獨特的目標數字。以關鍵績效指標（KPI，Key Performance Indicators）做為業績評價指標進行分析，把用在經營上的關鍵績效指標變成了進化的道具。

隨著每月決算，評價損益表上每個會計科目，例如營業額或利益是否比預算高、既有的店鋪營業額與前期比較是否有超過100％、或看毛利率（正確來說是營業額總報酬率）是否比前一個月高等等。當然，檢查現金流量（現金收支）也不可欠缺。實績數值就是現金調度實績表，下一個月以後的預定數值就是資金調度預定表，以確認各項收支有沒有異常。

● 製作出公司的「前進」儀表板

❶資本效率	總資本當期報酬率	8%
❷收益性	營業額經常報酬率	7%
❸成長性	營業額成長率	▲5%
❹流動性	流動比率	160%
❺健全性	自有資本比率	55%
❻安定性	當期利益成長率	▲11%

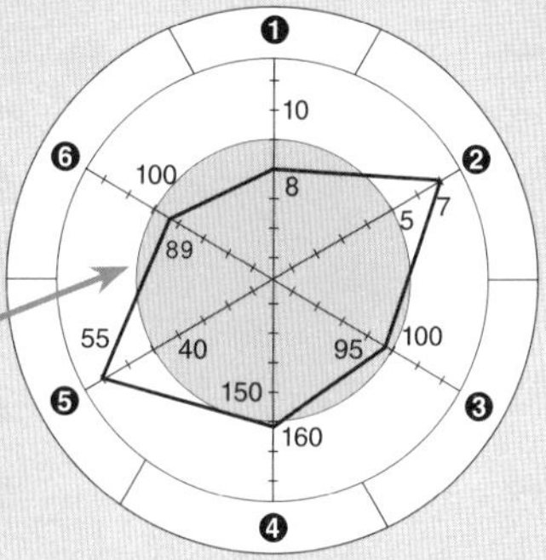

與內側的圓相交的
數值作為目標基準

管理儀表板想像圖

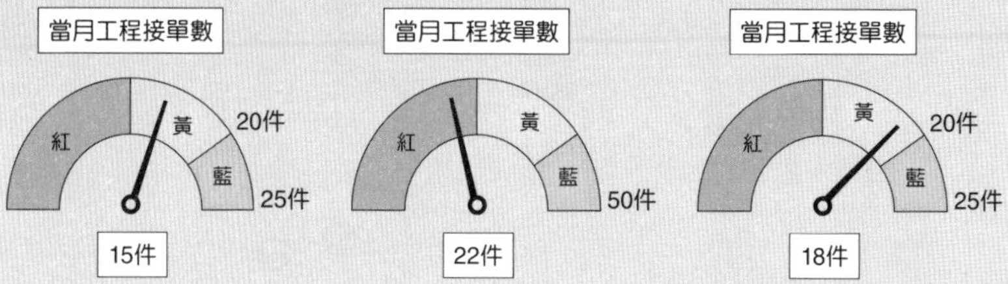

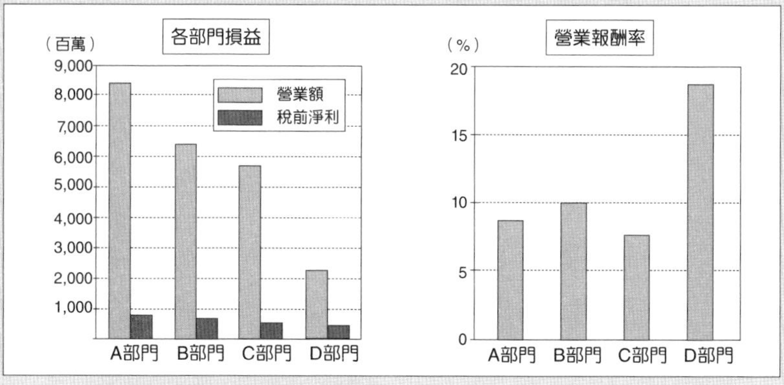

■能快速分析多項數字，就能掌握進度和效率

有別於此，若為接單型的企業則決定接受的案件數、提案書提出的件數、新客戶獲得（簽約）數、訂單餘額（件數、金額）等業務流程別的關鍵績效指標，每隔一段期間就檢討，並預測工作的進度率和效率。

例如營業的進度率中從❶「訪問對方公司」開始，❷「與對方的重要人物接觸並詳細說明」、❸「與對方接觸情況不錯，審議檢討中」、❹「簽約」等等，分成4或5個程序，讓所有業務員可以清楚看到每個顧客的進度目前分別在什麼階段，做成圖表後便一目瞭然。

■不同行業的指標數字也不同，「每月營業額」分析是重點

由於業種的不同會有些許差異，以下介紹一些優秀公司所採用的重要指標案例：

❶連鎖零售業：若一個月的營業額是1千萬日圓，賣場面積為50坪，則「月坪效率」（用每月營業額除以賣場面積，來看賣場面積效率的指標）為20萬日圓／坪。關注每個月月坪效率的變動很重要，與其他店鋪或自家店鋪的前一年度互相做比較也很重要。零售業的專業月刊雜誌上會刊載實際的範例，可以做為參考。良品計畫公司（於東證一部上市）在每次決算時，都會公開「無印良品」直營店有關賣場面積每1平方尺的月平均營業額、員工每人每月平均營業額、賣場面積每1平方尺的平均庫存餘額（平均

庫存金額）、平均每人賣場面積的「Data Book」

❷**零售業**：有些公司為了使營業報酬率達到8％，以「毛利人事費用比率（人事費用÷毛利率）要維持在25％以內」，以及「毛利租金比率（土地房屋租金÷毛利）要在15％以內」為標準。

❸**全體零售業**：要重視既有店面營業額與前年同期比、員工每人營業額、商品部門別損益等。從既有店面營業額的前年同期比較，可以看出新店開張之後經過一年是否得到顧客的支持，是否至少賺到100％（與前一年同額）以上，這是重點。商品部門別損益，每個部門的報酬率若不同，則必須依主要原因改變政策，若出現赤字的部門就必須討論是否廢除。

❹**製造業**：前提是掌握各別工序的適當工序成本，並依此計算出各個製成品的成本。並且，也要重視每一條生產線每小時平均製造數量。

❺**倉儲業**：除了計算每張出貨傳票的作業時間，還要計算出貨傳票上每一行的作業時間來判斷效率性。

❻**物流業**：以每月一次為基礎計算出每件貨物的物流成本，並比較分析。每件的數值又有L、M、S的尺寸差異，若能分別計算出來就更好了。

❼不動產業：一年內每位員工的營業利益或成交件數都很重要，也可以用每個月每位員工依顧客別做出的簡易進度表來評價進度狀況。

❽軟體公司：將一年間每位員工平均營業額與其他公司相比是重要的指標。經營管理顧問業也一樣，營業額的列計是人事費用的幾倍也很重要。可以瞭解每個員工以數名工作人員的團隊在幾個月內能拿到多少錢的合約（營業額），跟常會被問到「有賺到薪水的三倍嗎？」「要賺到薪水的幾倍才可以？」的業種特性相吻合。

❾網拍業：當月新簽約者數、平均每位簽約者的購買單價、每個月請款單的發行張數、每張請款單的平均販售單價等，用多種指標來掌握客戶動向。

❿飯店、旅館、餐飲業等：房間或餐廳的容納能力和工廠的良率一樣重要，是所有一切的基礎指標。若餐廳的容納能力一年有3萬人（120桌×營業日數250日），而收容實績為9萬人的話，利用率就是週轉三次。而利用率要到達週轉幾次才能出現黑字，是很重要的指標。也有的企業就如同帝國飯店（於東證二部上市）那樣，在有價證券報告書上公告「A房間的容納力、容納實績、利用率、每日平均，B餐廳的容納力、容納實績、利用率、每日平均」一樣，請參考（參考下頁圖表）。

⓫不問業種的話，每月營業額的分析就是個重要指標。營業額＝單價×客數，因此要以月為基礎，依商品種類別或店鋪別，跟前年同期做比較。以不特定多數的顧客為對

● 良品計畫與帝國飯店的指標

◆良品計畫「無印良品」直營店的平均單位營業額

			2010年2月期		2011年2月期	
				前期比（%）		前期比（%）
	營業額	百萬圓	120,551	101.2	105,171	102.6
1㎡營業額	賣場面積（期中平均）	㎡	161,323	106.6	174,219	108.0
	1㎡每月平均營業額	千圓	53.0	94.9	50.3	94.9
每人平均營業額	店鋪員工數（期中平均）	人	3,854	102.5	4,171	108.2
	每人平均月營業額	千圓	2,217	98.7	2,101	94.8
每1㎡庫存餘額	庫存餘額（期中平均）	百萬圓	7,095	112.1	7,321	103.2
	1㎡每月平均庫存餘額	千圓	44.0	105.2	42.0	95.5
每人平均賣場面積	店鋪員工數（期中平均）	人	3,854	102.5	4,171	108.2
	每人平均賣場面積	㎡	41.9	103.9	41.8	99.7

＊金額皆為日圓

用「每 $1m^2$」或「每人平均」得出營業額或賣場面積指標與過去的年度比較，就可以知道效率是如何變化的。

◆帝國飯店總公司的事業所容納能力等公告指標

項目	2010年3月期				2011年3月期			
	容納能力	容納實績	利用率	每日平均	容納能力	容納實績	利用率	每日平均
房間	340,457間	244,295間	71.8%	669間	339,815間	257,699間	75.8%	706間
餐廳	451,505人	1,429,035人	3.2次	3,915人	451,505人	1,431,279人	3.2次	3,921人
宴會	1,368,750人	602,783人	0.4次	1,651人	1,368,750人	627,677人	0.5次	1,720人
委託餐廳	200,385人	230,174人	1.1次	631人	200,854人	231,854人	1.2次	635人

出處：良品計畫2011年2月期DATA BOOK、帝國飯店財務報告書

象的外食連鎖店大概就是這樣，若常客數大約佔總客數的一半，那獲得新客戶的件數或營業額的變遷就很重要。還可以把既有客戶以階層別分解，例如A級（優良客戶）本月下訂幾次、平均單價多少來分析。

▼數字的變化，有助你思考該採取什麼措施

以上都只是個案，未必能適用於所有的業種、業態，請以這些提示找出適合自己公司的獨特指標。縱使只是單純地把營業額或成本（銷貨成本及營業費用），除以每個顧客、每個區域（據點）、地區人口每千人或每個業務員等數字算出平均值來，也可以從中發現有用的數值。

不過，不能只做出重要指標就結束了，這樣沒有意義，**必須依每個指標的分析結果，思考該採取什麼措施。**

例如，「營業額有99.5%和前年同月份幾乎相同，但客數卻減少了10.5%」這種情況，光是客數減少就代表著經營狀態亮黃燈了。要視為相當危險的訊號，必須採取提高營業額的因應措施。

來店客數與前一年相比沒有什麼不一樣，但是購買的客人變少了，也就是雖然進了店門卻沒有購買商品（或許是商品出了問題）、或是正好當月單價高的商品賣得不好

（如果有暢銷商品，也可能是賣完了，若能預防缺貨應該會賣得更好）、又或是新客戶減少了。把理由仔細分析清楚後，可以採行改變陳列方式、增加商品種類（或相反地減少種類、或是替換成其他商品）、辦促銷活動、改變銷售方法等各種措施。並觀察這些措施的成果，再採取下一個手段。

設定分析業績的數值，再看數值的變化去實行各種措施，反覆執行這些過程，正是經營的真諦所在。

觀念22

無論任何計劃，一開始就要訂下長期目標

企業是活的，從誕生後開始不斷成長，逐漸成熟。人會死，但企業與單純的生物不同，可以透過持續不斷的強大經營永續生存。

剛創業的「起步期」、下一階段的「快速成長期」、某程度的成長結束後進入穩定狀態的「事業基礎穩定期」，在每個發展階段中，都應該透過需求（市場）、供給系統、管理的各種觀點，清楚認識自家公司的經營課題。

▼每段時期要面對不同的優先課題，把握兩個重點

解決各個經營課題時的優先順序，每個階段都有所不同。如果搞錯解決課題的優先順序，不只要花更多的力氣還得不到效果，更可能帶來新的問題，因此必須注意。就算已經辛苦創業，但要讓這份事業持續成長同樣必須花費很大的努力。

在起步期，或許會因為經營者的遠大志向、加上強烈的想法和領導能力、商品或服務的嶄新性等因素，達到某種程度的成長。然而要持續成長下去，就必須解決進貨、銷

售、物流等各業務的標準化流程（不論由誰來做業務的流程都一樣），或是商品供給系統的大規模化、效率化等，完全不同的經營課題。起步期與快速成長期要關注的重點並不同。

那麼，在企業的快速成長期該做些什麼、怎麼做才好？我給大家一點提示。

■重點❶一切都數值化，每一天都要記錄

零售店的收銀機雖會記錄下消費客數，但還是該把每天的來客，依時間或性別等分別記錄下來較好。用來店客數除購買客數，可得到來店購買客比率。來店卻不買的顧客比率要如何下降？要用什麼樣的商品組合、採取什麼陳列方法才好？上午、下午哪個時段的顧客比較多？每天有多少人詢問商品、問了什麼？什麼時候哪樣東西賣了幾個？星期幾是顧客最多的日子？如果有時間觀察來店顧客的行動，就要記下顧客猶豫許久最後沒有買的商品是什麼。像這個樣子，累積每一天的記錄非常重要。

用心分析這些數值，採取對策。在採取對策後，還要再觀察這些數值的變化，這樣就會知道對策的效果是什麼。就跟人一樣，經常瞭解企業的健康狀態也是很重要的事情。

■重點❷太厚的手冊沒人想看，掌握重點，進行「標準化」

把所有的業務處理順序、手續，如銷售管理、採購管理、庫存物流管理等，都標準

化並做成業務手冊，讓所有負責的人徹底執行。顧客的需求若是改變，這個手冊也要跟著不斷變更。

依據不同的業務，有些情況下不採用手冊，而是使用確認清單或確認表，每次都檢查順序或手續有沒有遺漏或重複的做法比較好。手冊是記載基本應做事項的指示書，不需要把所有東西都詳細寫上去，太厚的作業手冊沒人想看，也很難記起來。

▼每個單位都要有「獨立解決問題」的能力

度過快速成長期，員工也增加，到達某個程度的企業規模時，就應該脫離個人商店的領域，朝向組織性營運邁進。若掌控企業活動的領導者：社長，要是突然倒下來該怎麼因應？其實只要先決定各個部門的領導者，然後把權限轉移給這些人就可以了。

決定各部門別的職務掌管（角色分擔）與各階層別的權限（也包含可以清算的金額基準），製作進貨、物流、銷售、購買、財務、會計、資訊系統等業務管理規章，然後依照規章運作。為防止舞弊或謬誤，還要決定能夠立刻有效發現問題的內部牽制組織（稱為「內部控制系統」）或手續然後實行。

即使企業規模擴大，但和在小規模時一樣重要的是，經營者要及早認識到在總公司、總部、現場發生的問題，立刻提出解決問題的指示。在每個月一次的董事會議上，一邊看著可以掌握現場狀況的指標，一邊在董事之間徹底討論，然後決定期限下正確的指示。若不做出這樣的架構，企業就不會察覺環境變化，總有一天會消滅。就像「溫水煮青蛙」一樣，當水溫緩緩上升時青蛙沒有發現，等水煮滾了就會死去。

觀念23 找出不必要的經費，削減再削減！

若營業額不如預期、為資金調度所苦，企業首先就會想到要削減經費。談到削減經費，馬上想到的就是活動削減策略。「因為停止原本計畫的活動，本部門可以削減10％的經費」，這是很常見的案例。如果同樣的活動可以用別的方法低價完成倒還好，但是這樣是不行的，營業額會隨著不舉辦活動，越縮越小。

▼厲害的成本削減是：「花更多錢提出更賺錢的企劃」

日本麥當勞控股公司社長原田泳幸，曾在他的著作《不斷勝利的經營》中，說過這樣的話：

削減成本就是「花更多錢，提出更賺錢的提案」。經營越是險峻之時就越要討論花更多的錢去投資，若不如此，以後就不可能復活了。

原來如此，這話說得真對。**不要被一直以來運用金錢的思維拘束，要思考用什麼全新的方法來運用金錢以提高營業額，有必要徹底想清楚並慎重實行。**

特別是戰略性的投資或人才的投資更不能小氣，雖然不會有立竿見影的效果，卻是支持公司下一階段成長必要的投資，企業若不能持續生存便沒有意義。

■ 糟糕的成本削減：立下固定削減數字

廣告宣傳費或促銷費用等直接與營業額有關的經費，不應該單純地「一律」刪減經費，不妨全部從頭檢視過去的做法，然後比較並考量多項不同的費用與效果，全面變更作法。若以「一律削減30％」這種前提來實行成本控管，也會削減了真正有必要的經費。應該要依各科目、內容，例如「關於土地房屋租金，是否有必要在這種市中心高房租的地方」、「過去外包的製品是不是內製化好，還是生產線要全面外包」或「原料材料能否做到零庫存」等方向來檢討。

要去實行，並不是去想一些「辦不到的理由」，而是思考該怎麼做才能達到目標。

▼擴大服務、大量採買，成功削減經費！

最近有些企業經營管理顧問，會調查辦公室中各種物品的購買來源和價格，指導企業如何節儉經費。

也有公司擴大自己的服務事業，例如理光公司便開始提供刪減文件經費服務，以MDS（MANAGEMENT、DOCUMENT、SERVICE）對顧客企業提出有關文件的經費削減政策：幫客戶計算出最適當的影印機台數、或考慮方便使用的配置（《日經商業》2011年12月5日號）。光是把影印機台數減少到最適當的數量，似乎就頗有成效。

另外，ASKUL公司則利用統一購買間接材料的經費削減需求，提供「SOLOEL」（統一購買）的商業模式給大企業。越大的企業裡，就越常看到旗下各種事業向不同業者採購同一種間接材料、但各自購買的品質或單價都各有不同的情況。例如工廠中使用的工作手套，每間工廠買到的單價都不同。若將這些需求統整後，向同一個業者發單採購，就能降低採購的金額。透過採購程序的「透過明化」實施業務改革的同時，也可以推行這種代買的業務。

▼單純減少經費，不能「減少浪費」

我在20年前認識永守重信社長，他是馬達製造商，在1973年創立日本電產公司，並創造集團營業額達6885億日圓（2011年3月期）。

他在當時就是有名的工作狂，除了元旦之外都不休息。我曾問過他的興趣是什麼？永守社長回答：「回家之後泡在浴缸裡，瀏覽用塑膠套包好的《公司四季報》，尋找虧損的公司（為了收購）。」他的認真令人欽佩，跟泡澡時完全放空發呆的我截然不同。永守先生並不是覺得時間可惜才拼命工作，我覺得他是以他自己獨特的姿態樂在工作。

永守先生在業界聞名的成績，是曾收購了國內外約莫30家業績惡化的公司，而幾乎每一家公司都重新站起來了。

在2011年7月，他收購了當年至3月期為止、連續3期營業赤字，且在收購前的6個月，當季也是赤字的三洋精密公司（現為日本電產精密）；但在收購後的第二季起，就有了2億5千萬日圓的獲益！《日經商業》2012年1月9日號的報導中，談到了他並非「單純刪減經費」的做法：

> 企業經營中重要的，並不是用嚴格的成本削減來提高利潤，而是製作出可以不斷創造企業價值的「循環」。首先是「提高利益」，想提高利益所以要讓營業額增加（稱為財務價值），在這個過程中，培育出會主動思考「為什麼沒有利益」然後行動的員工，同時，提高員工對成本、利益等的意識以及激發高昂的士氣（稱為人才價值）。其次是「顧客感覺的價值提升」，而後是「在股票市場上的價值」提升，便於進行M&A，也更容易聚集好的人才和低成本的資金。若能提高財務價值、人才價值、提高顧客感覺的價值、提升市場價值，則企業的財務價值也會提升。創造這種連鎖的循環，是經營上最

重要的事情。

那麼最初的提升財務價值該從哪開始做起？

首先是損益表的改革，也就是完全重新做出成本結構。為此日本電產公司採取的是「K-PRO」及「M-PRO」的活動。

「K-PRO」就是削減經費計畫的略稱，除去人事費、材料費、外包費用之外，針對辦公用品費、電費、出差費、物流費、交際費等的經費削減活動。無謂地堆放在桌子裡用不到的辦公用品，辦公空間也毫無意義地佔據很大空間；在工廠裡沒有用的機器就這麼放著；挪開用不上的東西就可以縮短生產線、還可以改善生產效率；許多員工明明用自己的車子通勤，卻支付電車通勤的交通費給他們等。到處都有可以改善的空間。

「M-PRO」是指削減購買費用的計劃，正式對購買對象提出減價訴求。實際上，將供應商範圍縮小以降低購入價格、找尋價格更低廉的資材更換供應商；重新檢討設計或生產方法、以求用少量零件材料製造等等，徹底進行供應改革。03年10月時收購的三協精機製作所（現為日本電產三協）也是透過這些活動改變成本結構後，才開始能夠獲利。

日本電產精密公司的狀況則是，揭示「不良品在50ppm（2萬個中1個的比例）以下」、「營業額材料費比率在50％到60％之間」及「庫存在0.4個月以下、實現產能為員工每人每月100萬圓以上的附加價值」等目標，依此進行活動。

並非單純地削減成本，重要的是，找出過去為何看不到這些浪費的原因，徹底重新檢視所有經營過程，朝「產生利益」的方向改變。揭示目標數字，員工的意識改變，公司就會改變──這正是會計數字推動人的實例。

▼訂出數字，就能自動減少「浪費」

2011年3月，由於福島第一核能發電廠發生意外的影響，東京電力公司與東北電力公司的管轄內有許多公司行號被強迫達成節約用電15％的目標。我還記得當時街上各處都異常昏暗，而對於用電量大的工廠來說，因應這個變化會十分辛苦。

這個電力使用限制令在當年7月9日晚上8點後解除。當初原本預定限制到7月22日為止，但是由於度過了酷暑的關卡，電力供需的狀況也改善了，因此決定提前結束。

本質上來說，像夜間電力的嶄新用法或送電時防止漏電的方法、思考完美的蓄電方法等，應做的根本改善非常多，但是讓大家一起實行眼前能做到的事情也有其意義所在。揭示目標數字，相關人員全體都朝著同一方向努力，才達成了節約用電的目標。

雖然若沒有東京電力的這場意外，就不需要這樣刻苦的努力，在這個意義上，似乎不能說是個好例子，但是這也是數字推動人們行動的一個實例。

▼算算看，「不必要的會議」花費多少成本

無論什麼業種的公司，都常有多到令人厭煩、卻老是開不完的會，「會議」本來是讓所有與會者彼此提出意見，互相討論、創造出最好的提案並且決定、採用，然後付諸實行的場合。可是為什麼很多會議都成了單純報告、連絡、指示、斥責的場合、甚至有些參加者從頭到尾完全都不發言。

■會議，也可以「盤點」

我曾在拙作中提出，為了減少無謂的會議，建議進行**會議盤點（製作出目的、參加者、決議事項、時間等的一覽表，決定是否有需要召開）**，然後計算出每個與會者平均每小時的人事費用，最後計算出「會議的價錢」，**看看會議的結果是否符合這個成本的價值再進行檢討**。

在此省略詳細內容，但在年收640萬圓的人身上，大略要花上1200萬圓的經費。在此基礎之上，假設沒有這個會議，社長和負責業務的董事去做業務提高營業額的機會成本為100萬圓，計算花了90分鐘、固定有8位董事出席的董事會議的會議價值，結果是120萬圓。

這個董事會議是否有120萬圓以上的價值？會議的決定事項是否有成果？如果所有的會議都像這樣計算，我想討論時的認真程度就會截然不同。光是刪減不必要的會議，就可以把寶貴的時間拿來做別的事情。

● 做出會議的盤點，「有效率」或者「浪費時間」

No.	1	2	3	4	5
名稱	董事會議	經營會議	部課長會議	製造販售連絡會議	業務改善委員會
目的	法定事項、重要決策、其他	有關經營的決策、報告	經營會議準備、多為報告／聯絡／商討	販售價格與製造價格的調整	業務流程的標準化與改善
規章	董事會議規章	無	無		
參加者	董事、監察人	董事、經理	經理、課長		
參加人數	8位	12位	18位		
頻率	每月定期1次，臨時會議則是每次	2週1次	2週1次		
所需時間	2小時左右	2個半小時	2小時		
會議記錄	由事務局製作，會後用電郵發給與會者瀏覽	由經理傳閱，有精細度差異	由企畫課課長製作		
預定的決議項目	平均4項	5項～7項	3項～		
平均每次決議數	幾乎均為同數決議	未決定的也很多，約3項。			
「決議、討論」和「報告、連絡」的時間分配	決議6 vs報告 4	決議4 vs報告 6			
是否於事前發佈目的或資料？	於前一天發佈	大概只有一半有發佈			
評價	◎	△			

開會是否只是在浪費時間？盤點後分析看看吧。如果是沒有成果的會議，就應該立即廢止！

觀念24

光用「關鍵數字」，就能激起危機意識和行動力

TORAY公司名譽會長前田勝之助，為世界尖端材料製造商TORAY打下基礎，1987～97年的10年間，他前後擔任過社長和CEO，UNIQLO在「發熱衣」等素材開發上也得到TORAY公司大力的協助。

▼從數字感受到危機，開始經營改革

在前田先生已成為會長後的2002年3月期，TORAY面對著創業以來的首次營業赤字。當時，從決算的半年前開始便集合董事討論，前田先生詢問財務、會計部門的幹部，「這種狀況持續下去，TORAY什麼時候會倒閉？」答案是，2年9個月。

在次期開始，前田先生以兩年為期，重返CEO的位子，為了與工會共同擁有危機意識，建立了「NT（NEW TORAY）21勞資經營協調會」，徹底改革公司整體基礎的「NT21」措施從2002年4月開始展開。

前田先生預估「2年內可以刪減5百億日圓的費用」，所以下令徹底削減總費用，

並每月進行檢查，不容鬆懈，再將總公司嚴格刪減的費用轉到發生赤字的纖維部門。

「『藉此轉虧為盈』的立意，換個角度看就像在發『獎學金』。經營是七分鬼心三分佛心。」（11年10月28日《日經新聞》早報）

改革的第一年，很快地便使營業利益觸底反彈，前田先生在第二年就提前改善了業績，接著便從會長、CEO及董事的職位上退了下來。

▼激發員工的行動力，用數字就對了

在這個實例中，出現兩個重要的數字。

第一個數字是年月。引發前田先生重返CEO位置的契機就在於負責財務、會計的幹部所說的「2年9個月後」。我想這位幹部清楚知道公司的損益結構與現金流量結構，因此才能計算出陷入超過負債為止的年限。**這個數字讓所有幹部都瞭解了情況，應該也一口氣提高了危機意識。**

第二個數字是金額。實行削減經費時，前田先生抱持的目標「2年內削減5百億圓費用」。**這雖是目標值，卻也是表現經營者明確意志的指標。**

經營有困難時，經營者要表示明確的方向，以簡明的話語說明，如果不作出指示，員工就無法跟隨。**經營者對所有員工闡述的時候，若有數字為證就更能增加說服力，**這是非常好的例子。

第5章

這5間知名企業的社長、員工，都在用「數字思考力」

用「數字」發現並解決問題，工作變簡單，
公司還能快速成長！

結論

穩健成長的賺錢公司，老闆、員工都獲益！

宮田明秀教授曾說：「能做到『錢的經營、人的經營、事業創造的經營』這三項，才能稱為經營者。」2012年3月，宮田教授從東京大學退休，他不只在船舶工學的本業領域相當知名，還曾擔任1995年「美國盃」世界第一風帆比賽的日本隊伍「日本挑戰隊」的技術指導。

▼經營者必備3要素，不是人人都有

數年前，宮田教授曾帶我參觀他自己的船舶工學研究室。當時教授笑著跟我聊起募集資金的辛苦，「錢是從許多企業調度來，我用那些錢和學生們一起維持研究室的設備持續研究至今，我跟中小企業經營者是一樣的」。在組織維持、發展的意義上，大學的研究室也跟企業一樣。我認為，若以宮田教授對經營者的定義，再符合下列三項條件，就會是「能夠創造出強大成長企業的經營者」。

❶擁有遠大的志向。

❷不單只為了賺錢，也不單只追求私利私欲。

❸懂得會計思考的方法。

想讓世界往好的方向走、想做對世人有幫助的事，擁有這種遠大的志向，不會單單只為賺錢或追求私利私欲，擁有遠大理想，希望讓顧客、員工、交易對象、股東等利害關係人都能更好，藉由會計思考來經營金錢、人及創造事業這3個領域。這樣的經營者，應該就能創造出強大而持續成長的企業。

▼讓所有員工都懂，怎麼用「會計思考」

既然是經營者，就必須擁有熱情的心和冷靜的頭腦，還要能客觀地看待自己的行動，更進一步地還需要魅力，如果能吸引他人，就算不擅言詞也能讓員工願意追隨。

之前也曾再三說明過，會計思考就是確定公司的商業「損益結構」及「現金流量結構」，思考讓兩者都能是正數的方法並行動。簡單來說，損益結構就是「賺錢」，現金流量結構就是「留下現金」。而要建立強大的成長型企業，不只是社長，甚至所有員工都應該要懂得會計思考。雖然不需要詳細理解複式簿記或財務報表，但是應該在腦子裡時常思考損益結構、現金流量這些重要的數字之後再採取行動。本書最後一章，我就用五個實際個案研究，來說明「能建立強大成長企業」的經營者經營方式。

● 懂得會計思考的經營者，有8個特色

I 懂得 利益 與 現金收支 兩者的損益計算

營業額－費用＝利益　收入－支出＝現金餘額

II 瞭解 是否是筆能做的生意

是否有商業上的收益性、繼續性、成長性？　兩者的關聯性。

III 有 生意頭腦 。

PLAN
ACTION
DO
CHECK

①可以用PDCA循環 工作。
②很瞭解公司內各部門的工作是為誰、 對什麼有幫助 。
→工作一定有目的與角色。
如果不能理解就不會有心想做。
認同之後才能工作。
③時間上很正確。
④不浪費時間。
⑤遵守約定。
⑥在資料的處理上迅速、正確。
⑦能客觀看待自己的行動。
全部歸納起來，時間就是金錢！

IV 對公司的 數字 或 財務報表 是用什麼方法做出來的，有某種程度的瞭解。

→ 公司整體或各部門有許多應該管理的數據。
不只是損益資料，也有警告資料。

V 「活動」「動作」「東西」「事情」 都能換算成金錢。

→ 就如本書所述，會議的價值也換算成金錢了。

VI 用理論分析商業活動 ，運用在下次的活動中。

→ 現實中幾乎沒有理論。首先建立假設，然後驗證理論。
➔如果失敗再重新建立假設。

VII 數字或會計的極限 ，建構出未來。

→ 用數字容易計劃並實行，數字可以推動人。
無法用數字表示的願景或計畫不會成為行動的指南。

VIII 瞭解 用數字計劃願景 。

→ 會計是成立在假設上，也有人會用數字說謊。
不被欺騙也是會計思考。

實例1

UNIQLO社長：提出「超高銷售額」目標

在第一章曾經提過，目前UNIQLO揭示的目標是「世界第一的服飾製造零售業，要在2020年達到營業額5兆日圓、稅前淨利1兆日圓」。營業額方面，2009年9月舉行的事業戰略說明會上，柳井先生談起「2020年迅銷集團的夢想」時，第一次提到這個目標數字。2009年8月期營業額為6850億圓，因此到2020年為止的11年間只要確實以每年20%的速度持續增加收益，營業額就能超過5兆日圓，理論上是可以達成的數字。

▼否定現狀，就是公司的生存之道

隔了一年，在2011年9月舉辦的事業戰略說明會中，也提出迅銷集團和UNIQLO的獲利目標是「2020年營業額5兆日圓，稅前淨利1兆日圓」。同時，還提出營業額在2012年為1兆圓、2013年1.3兆、2015年1.7兆，16年以後若能每年增加5千億日圓，就能夠達到5兆日圓的目標。

柳井先生在他的著作《成功一日可以丟棄》（「成功は一日で捨て去れ」）中是這

麼說的：

「若想讓公司成長發展，『滿足於現狀』是最愚笨的作法。必須否定現狀，經常持續改革。如果做不到，公司就只能等死。」

「我們現在應該為了要在2020年成為世界上經營效率最好的企業，達成營業額5兆日圓、稅前淨利1兆日圓的目標，而每天不停挑戰。也許會被嘲諷這是個魯莽的目標，但是各項水準都往上提升，使我們的集團以UNIQLO為首，成為全球性品牌的話，就有可能達成。」

雖然是超乎常理的荒唐目標，但是如果完全不提出目標，營業額一定不可能比前一年成長，還會逐漸衰退。人本來就是有惰性的，如果沒有適度的刺激或目標，馬上就會偷懶。

■有目標，就能知道「現在該做什麼」

實地在腦袋裡去想像一下那些數字的意義，試著把各種局面都想像一番：營業額5兆日圓時，在各國的營業額分別是多少？到時候店舖數會是多少？店長與工作人員人數是多少？在哪個國家生產多少商品，物流該怎麼做才好？總部的組織規模與機能以及地區總部又是如何？人事或會計或財務應該放在哪個國家？……等等，會出現各種疑問或預測的項目。

為了達成這個超高的目標該怎麼做？徹底想清楚各種方法，而實行的行為及過程本身也非常重要。

在低成長時代才更需要提出能振奮精神的高目標。不過，絕對要避免硬把目標數字強加在員工身上。**要藉著任務及願景讓員工能夠了解經營者的強烈意志，同時也讓所有員工一起共享遠大目標。會計數字可以推動人，也可以改變公司。**

▼上市前的開店資金，是從「資金週轉差」來的

1994年7月，UNIQLO在廣島證券交易所上市，而早在1991年9月起就以上市為目標正式展開連鎖店，在這個過程中，雖說也曾遇到擔保不足，銀行借款又不如預期的緊急狀況，所幸「現金零售」又是「衣料品販售」這種營業型態，在開店資金的資金調度面上很有幫助。

商品採購用現金支付，而販售也是收現金的話，賣出去的時候手上只會留下差額的現金利益。既然營業額大部分都是現金販售，那若在進貨後，在下個月才用四個月期的支票支付，就可以把營業收入的現金留在手邊達五個月以上。

這就叫做「**資金週轉差**」，UNIQLO確實是拜此之賜。除了準備平常的營運資金，

還可以用來做為展新店的設備投資之用。

不過，商品要如預期暢銷才會順利，如果不暢銷的話就完全不行。而仰賴資金週轉差來運作，就像踩腳踏車卻忽然停下踏板一樣，只要一處停下就會影響到全體。**必須按照預定的基礎，來正確製作出記錄次月以後的現金進出情況的「資金調度預定表」，並藉此進行管理。**

話雖如此，上市前每個月還為了2千～3千萬日圓的設備投資資金所苦，上市時卻一次就獲得了130億日圓左右的公開增資，我想這都是因為UNIQLO的成長性和商業模式的創新性獲得了眾多投資者的理解。

■ 資金調度預定表的製作方式與順序

補充說明「資金調度預定表」的編製方式，「資金調度預定表」就如第186到187頁刊載的方式製作，詳細管理現金的收入與支出預定，編製方式與順序說明如下：

①首先製作1年內的短期經營計劃（預算），在表下方的「損益預算」⓮營業額（預算）～⓱雜費（預算）中填入數字。

②人事費預算（例如在發獎金的月份，將當月營業額的11％加入獎金內）是當月發生，預定額就要在當月以現金支出，因此填在損益預算與經常支出這兩個地方的❻人事費用。

③假設營業額的7成為現金營業收入，即❶現金銷貨＝⓮營業額（預算）×0.7。

④假設營業額的1成是應收帳款，預定在銷售後的第2個月回收現金：❷應收帳款回收＝上個月×0.1。

⑤假設營業額中剩下的2成掛在應收帳款後，以3個月期的票據回收：❸應收票據到期日入帳＝3個月前⓮營業額（預算）×0.2。

⑥以現金進貨的部分是進貨預算的2成：❹現金進貨＝⓯進貨額（預算）×0.2。

⑦進貨預算的8成是用3個月遠期票據支付：❺應付票據清算＝3個月前⓯進貨額（預算）×0.8。

⑧外包費用的支付與上個月的外包預算金額相同：❼外包費用＝⓰外包費用（預算）。

⑨經費支付的金額與上個月的經費預算相同：❽雜費支出＝上個月⓱雜費（預算）。

⑩❾設備投資是從投資設備預定表填入實際現金支出的月份中（和銀行實際的借款交涉接近的話就進行）。❿稅金、股利也是填入預定實際支出的月份中。

⑪從當月的經常收入減去經常支出得出經常收支（列計⓫利息支出之前）。

⑫經常收支為負的月份，寫入與該收支金額相符的⓬借款收入。

⑬配合借款還款的條件寫入⓭償還借款的金額。
⑭依據前期期末借款餘額⓬借款收入、⓭償還借款計算出⓲期末借入款餘額。
⑮由⓯期末借入款餘額，以利息（年利率）３％來計，計算出⓫利息支出。
⑯再次計算經常收支。
⑰每經過一個月就將所有預定值替換成實績。編製１年後的預定表經常更新。

▼用「魔術數字」，提供便宜又好的商品

UNIQLO過去曾經有過從製造商手上買成品來販賣的時期，經過這樣的時期後，成為從商品企劃開發、生產管理、流通、到販售，所有事情從頭到尾都由自己公司負責執行，開始自行負擔風險，用縮短流通路徑的方式壓低各項成本，把販售價格往下降。

■減少「不必要」，就能降低成本、拉低售價

在商品面上，用大量批貨下單的方式降低成本，也可以降低售價。在店鋪營運面上，用自助方式減少待客服務，把過去標準店鋪的路邊店鋪改為倉庫型店鋪，以大量陳列的方式減少倉庫面積，店鋪內的裝潢、地板材質、陳列架等也都講求耐用性和成本，徹底實施低成本作業。而開設市區店型之後，租金比率多少有提高一些。

UNIQLO是服飾製造零售業，會把下單的商品100%都接下來（無退貨），所以必須把商品賣到一件不剩才行。這是他們逃不開的宿命。如果能夠按商品當初的售價賣完，毛利就會比較高，降價販售的話毛利就會相對地減少。

例如假設售價為1990圓的商品是以成本率為40%（成本為796圓）定出的，全部不打折賣完的話，毛利率就有60%；若降價400圓（20%）以1590圓銷售的話，成本為796圓，所以毛利是794圓，毛利率就是50%。管銷費用比率若能維持在35%的話，扣掉

（單位：千圓）

9月	10月	11月	12月	1月	2月	3月
278,848	294,749	294,507	291,629	272,936	281,407	246,430
81,200	87,500	89,600	94,500	79,800	75,600	98,000
10,800	11,600	12,500	12,800	13,500	11,400	10,800
23,400	25,000	21,600	23,200	25,000	25,600	27,000
0	0	500	0	0	0	0
115,400	124,100	124,200	130,500	118,300	112,600	135,800
12,064	13,000	13,312	14,040	11,856	11,232	14,560
48,672	52,000	44,928	48,256	52,000	53,248	56,160
12,760	13,750	14,080	54,850	12,540	11,880	15,460
12,960	13,920	15,000	15,360	16,200	13,680	12,960
8,640	9,280	10,000	10,240	10,800	9,120	8,640
0	48,000	0	0	0	42,000	0
0	0	25,300	0	0	0	0
403	393	458	448	433	418	403
95,902	150,343	123,078	143,194	103,829	141,578	108,123
19,902	▲26,243	1,123	▲12,694	▲14,472	▲28,978	27,678
0	30,000	0	0	0	0	0
0	0	0	0	0	0	0
4,000	4,000	4,000	6,000	6,000	6,000	6,000
0	0	0	0	0	0	0
294,749	294,507	291,629	272,936	281,407	246,430	268,107

9月	10月	11月	12月	1月	2月	3月	年間合計
1116,000	125,000	128,000	135,000	114,000	108,000	140,000	1,451,000
60,320	65,000	66,560	70,200	59,280	56,160	72,800	754,520
12,760	13,750	14,080	54,850	12,540	11,880	15,400	219,610
13,920	15,000	15,360	16,200	13,680	12,960	16,800	174,120
9,280	10,000	10,240	10,800	9,120	8,640	11,200	11,6080
157,000	183,000	179,000	173,000	167,000	161,000	155,000	

設備投資在一年內有三次費用產生，總計 1 億 3500 萬日圓，但若以這個損益結構，4 月底與 3 月底的現金存款餘額雖然幾乎相同，但借款好像只要增加 3000 萬圓就可以了！

● 管理現金收支預定的「現金調度預定表」範例

◆資金調度預定表（2012年4月1日～2013年3月31日）

		4月	5月	6月	7月	8月
前期轉入現金存款餘額		240,000	262,345	249,005	269,005	167,762
經常收入	❶現金銷貨	84,000	80,500	81,900	87,500	75,600
	❷應收帳款回收	10,700	12,000	11,500	11,700	12,500
	❸應收票據到期日入帳	21,800	20,800	26,000	24,000	23,000
	其他入帳	500	0	1,200	0	350
	合計	117,000	113,300	120,600	123,200	111,450
經常支出	❹現金進貨	12,480	11,960	12,168	13,000	11,232
	❺應付票據清算	43,500	42,600	46,500	49,920	47,840
	❻人事費用	13,200	12,650	12,870	33,750	11,880
	❼外包費用	12,600	14,400	13,800	14,040	15,000
	❽雜費支出	9,750	9,600	9,200	9,360	10,000
	❾設備投資	0	45,000	0	0	0
	❿稅金、股利	0	36,500	3,200	0	0
	⓫利息支出	125	313	430	423	413
	合計	91,655	173,023	98,168	120,493	96,365
經常收支		25,345	▲59,723	22,432	2,708	15,086
財務收支	⓬借款收入	0	50,000	0	0	0
	增資、發行公司債等收入	0	0	0	0	0
	⓭償還借款	3,000	3,000	3,000	4,000	4,000
	其他支出	0	0	0	0	0
期末現金存款餘額		262,345	249,623	269,005	267,762	278,848

		4月	5月	6月	7月	8月
損益預算	⓮營業額（預算）	120,000	115,000	117,000	125,000	108,000
	⓯進貨額（預算）	62,400	59,800	60,840	65,000	56,160
	❻人事費用（預算）	13,200	12,650	12,870	33,750	11,880
	⓰外包費用（預算）	14,400	9,200	9,360	10,000	8,640
	⓱雜費（預算）	9,600	9,200	9,360	10,000	8,640
⓲期末借入款餘額		125,000	172,000	169,000	165,000	161,000

之後也有15％的營業報酬率（參照下頁圖表）。

■所有戰略都和「數字」有關，挑選正確時機才會奏效

降價可以採行限定期間的「限時降價」，或是直接更換售價、採用「變更售價」方式等，但是如果進行的時機錯誤，就會對利益造成重大影響。若能妥善因應商品投入的時期或降價販售的時機等重點，業績就會提升，若不能妥善因應業績就無法提升。**要是輕易地就想要把業績不佳歸咎於全球景氣或是氣候問題，如此一來便提不出積極對策。所有的責任其實都在自己的公司裡。**

首先要有好的商品，不過實際上所有的商品都要賣賣看才知道。像UNIQLO這樣的SPA，到找出壓倒性的「暢銷商品」為止，公司內都不斷地持續著在商品企劃和販賣之間循環。能夠進行各種實驗，從錯誤中學習才是SPA最強的地方。

▼要賺錢，就絕對不能增加庫存！

做生意的鐵則是每個星期、每一天都要確實地採取「讓公司能賺錢」必要的措施，如此一來業績就會變好。相反地，業績就會越來越差。如果賣不出去就想辦法賣出去，把全國賣不出去的庫存商品都移到賣得好的店裡，或是進行促銷活動（也包括限時降價）或是處分（降價或是變更售價）等。

● 依據UNIQLO原始售價的毛利率與扣除後的變化

	原始	原始%		扣除	原始%		扣除後	原始%	扣除後%
售價	1,990	100	−	400	20	=	1,590	80	100
成本	▲796	40					▲796	40	50
毛利	1,194	60	−	400	20	=	794	40	50

扣除後的損益結構若管銷比率仍為35%，則營業報酬率為15%。

營業額	100%
銷貨成本	▲50%
銷貨總利益	50%
銷售費、管理費	▲35%
營業利益	15%

例如，某商品在生產30萬件時，就決定了售價為3990日圓以及預定銷售的期間。從第一次投入店內販售起，若感到似乎過了預定販售期間也賣不完的話，就要準備把售價變更為2990日圓，甚至在完全賣完之前不斷變更售價。

銷售不好的產品就不再追加生產，將訂單替換為其他商品，生產計畫也要立刻修正。零售業是場和庫存量的戰爭，也是與生產販售計劃的戰爭。

到了季末才變更售價比較好，因此依據店長或營業部門的意見在會議上提出的商品，負責行銷規劃與商品計畫的人每星期在討論過後都要決定是否變更售價。

「應該變更」、「不應該變，用這個價錢應該賣得完」等，即使提出各種意見，最後是否賣得出去還是由數字來判斷。數字是最實在的，不會說謊。會被提到會議中討論的商品，之後仍賣不好的居多，通常都會變更售價直到完全消化掉為止。

實務上能力越好的商品銷售負責人，會傾向於越早開始處理售價變更。因為如果連這麼做都拿不到毛利，還不如把資源投入別的暢銷商品。**關於變更售價、追加生產、終止生產等決定，都是在每個星期一次的同一個會議中進行。**

▼抓住銷售基準，就要算好「月坪效率」

營業額可以用顧客人數乘以平均顧客單價得出，營業額的增減，可以分解為顧客數的增減及單價的增減。另一方面，營業額也是販售商品的數量與商品單價的乘積。也就是說可以分解為販售數量的增減與商品單價的增減。從這兩種觀點來分析的確非常重要，而與營業額密切相關的，還有能顯示出賣場面積效率的其他指標。

■賣場大小影響營業額

與營業額正相關的重要因素是賣場面積與店鋪地點，若為外食產業則與食品的味道、待客、價格、裝潢及氣氛等有關，零售業的話則是商品品質、設計、價格、商品種類及商品展示設計、待客等非常多的因素。雖然並不是賣場面積越大營業額就會越高，但影響力的確會比較大。

要看出賣場面積與營業額大小的相關性，就靠「每坪效率」這個指標，這是指「每坪賣場的年間營業額」。有很多上市的零售企業者會把「每平方公尺營業額」這個數值放在財務報告書中公開揭示，而實務上採用「平均每月每坪營業額」表示的「月坪效率」也很常見。

UNIQLO於2011年8月期國內直營店營業額的月坪效率是25.1萬日圓，與2003年8

● UNIQLO直營店平均每單位營業額演進表

項目	單位	2001 8期	2002 8期	2003 8期	2004 8期	2005 8期	2006 8期	2007 8期	2008 8期	2009 8期	2010 8期	2011 8期	是10年前的幾倍？
直營店商品營業額	億圓	3,980	3,254	2,889	3,233	3,508	3,752	4,401	4,388	5,082	5,179	5,56,5	1.4
既有店營業額成長率	%	41.7	28.6	19.7	2.5	0.6	0.7	1.4	2.9	11.3	4.7	6.0	0.1
平均勞動人員	人	12,847	11,483	10,057	11,186	12.494	12,753	14,574	14,654	15,750	18,657	18,798	1.5
每人平均營業額	千圓	30,987	28,343	58,732	28,910	28,080	29,422	27,727	29,949	32,268	30,654	30,084	1.0
每平方公尺營業額	千圓	1,714	1,137	913	929	913	895	913	885	970	995	913	0.5
每家店鋪平均營業額	萬圓	82,098	60,821	49,711	52,623	53,223	54,595	57,899	60,076	68,688	73,194	69,585	0.8
每家店鋪平均賣場面積	㎡	479	535	544	566	583	609	653	688	710	746	77	1.6
月坪效率	千圓／坪	471.4	312.7	251.1	255.5	25.1	246.1	251.1	243.4	266.8	273.6	251.1	0.5

10 年前是全日本掀起「刷毛衣風潮」的一年，把該期間跟最近期的直營店拿來比較看看，雖然營業額因為勞動人員增加也同樣增加，但卻沒有隨著賣場面積增加而有所提升。

和賣場效率的最高峰期比起來也許很沒道理，但是賣場效率變成只剩一半。因為在刷毛衣風潮的當時，商品只要一擺出來的同時就賣完了……

月期起幾乎是維持在差不多的效率（24～27萬日圓水準），下頁圖表顯示了直營店的營業額效率。

■增加商品與展店大店鋪，維持月坪效率

在刷毛衣料風潮達到頂點的2001年8月期，月坪效率是47.1萬日圓，很清楚看出銷售有飛躍性的成長。最近因為拆掉和重建的結果，500坪以上的大型店數量增加，到2011年8月底已經有了129家大型店，在全體843家店鋪中達到15％的比例，更不能不注意賣場效率的惡化。眼下的目標是為了不讓這個月坪效率下降，應該要一面增加商品數量，一面往大店鋪規模邁進。

其他公司的月坪效率如下：SHIMAMURA（同為成衣業者）在2011年2月期的月坪效率是7.2萬日圓（根據財務報告書計算）；良品計畫2011年2月期月坪效率（只計算「無印良品」直營店）是16.6萬日圓；以日本百貨店協會每月發表的營業額與總店鋪面積來計算，全日本的百貨公司2011年11月的月坪效率為28.1萬日圓。

■月坪效率數字做基準，控制其他成本

因販賣的商品單價與賣場的裝潢、陳列方法等有所不同，無法單純與其他公司、其他行業的狀態做比較。百貨公司的數值之所以比較高，我想是因為除店頭販賣以外的「外賣」比例達到了一成以上。其他公司的指標純粹只能當成參考值，不如還是把注意

力放在自己公司連續幾年指標的演變上。

月坪效率可做為營業額基準，非常很重要，但是接下來要怎麼獲取利益？在成本與經費面上還應該用其他指標來控制，就算月坪效率很低，若毛利很高、租金與人事費用等的經費可以壓低（稱為低成本作業）的企業，就能確實地獲取利益。

以前述SHIMAMURA的情況來說，2011年2月期的毛利率為32.8%，雖然並不是很高，但是營業額管銷比率為23.7%（在主要的科目中，人事費比率9.5%、租金費用比率5.0%、廣告宣傳比率2.5%）達成低成本目標，經常報酬率為9.3%，是非常高的比率。期末日當時每名正式職員與計時人員的比率為4.9人（這個公開數字是正式職員換算值，因此實際的總人數應該是好幾倍），可以推測出人事費用控制在很低的水準。

▼精確測量產能，就要計算「人工小時」

便利商店、餐飲店或像UNIQLO的服飾品零售業等，營運店鋪的企業幾乎都一樣，但店鋪中的人事管理，特別是每天當中不同時段的人員配置、業務分配，是非常重要的工作。這稱為「人力排班」，這個部分做得好或不好，對營業額、利益的獲得都有很大的影響。

■用數字思考，算出最佳人工小時排法

將工作量（作業量）依工作的種類別事先評估，配合日期與時間帶來分配員工、計時人員、工讀生。平日和星期六日就因應顧客的多寡人數也要有2~3倍的差別，或是配送商品的日子與時間帶必須比平常的人數多一點。

在做人力排班的時候，要將作業量用「人數×時間」的意義以「人工小時」的單位來測量。比方說，2個人花了4小時作業，2×4＝8，表示8個人工小時。

假設有一個「10個人工小時」的作業，就有可能以下列6種組合的方式來進行：

❶1個人工作10小時
❷2個人工作5小時
❸2個人工作3小時和1個人工作4小時合計
❹3個人工作3小時和1個人工作1小時合計
❺5個人工作2小時
❻10個人工作1小時

考慮作業的質與量、作業場所、賣場或倉庫的狀況等，選出最佳組合來計畫並實施。接著是看這樣的人員配置與業務分配的結果實際上是好是壞，分析勞動產能。這時候登場的就是「人工小時平均營業收入」及「人工小時產能」的指標。

「人工小時平均營業收入」是指，每個員工每小時可以得出多少營業額的指標。某店鋪1天的營業收入是100萬日圓，若當天的總勞動時間（含正式員工、計時人員、工讀生）為120小時，則平均每小時營業收入為100萬日圓÷120小時（總勞動時間）＝8333日圓／小時。

■「人工小時產能」算出人事費佔比

UNIQLO在國內直營店每家店鋪的平均營業額，於2011年8月期為6億9585萬8千日圓，每家店鋪平均勞動人員為23.1人，每人工小時營業收入為6億9585萬8千日圓÷23.1人÷365日÷8小時＝1萬316日圓／小時（由概況報告中算出）。

至於「人工小時產能」是指，每一名員工每小時平均能賺到多少毛利（銷貨總利益）的指標。把店鋪一天的毛利額除以一天的總勞動時間就能夠得出，或是用剛剛的人工小時營業收入乘毛利率（銷貨收入總報酬率）也可以計算出來。

例如，計算出人工小時產能是5千日圓／小時，計畫將人事費控制在毛利額的30％以下的話，那只要讓包括計時人員、工讀生在內的員工平均時薪在1千5百日圓（5千圓×30％）以內，依此來處理人員配置就可以了。

人工小時銷貨收入與人工小時產能的指標並不僅適用於有店鋪作業的業種，**一成不變的工作內容較多的業種、業務，都可以計算出人工小時再進行人員配置與業務分配的計畫並實行，之後再用這些指標來測量效率性。**

實例2 ASKUL文具：用「數字」管理生產和需求

辦公室家具、文具、辦公用品製造商PLUS公司，是在1948年創業的「千代田文具」批發商。1980年代中期，從委託生產的製造批發角色，逐漸蛻變為正式生產製造，之後更進攻辦公室家具領域。營業額在1991年達到１千億日圓高峰後開始下降（最近的2011年5月期營業額為1032億圓）。

▼新的銷售管道壓迫舊通路，老企業看見未來危機

當時的文具、辦公用品業界，是日本固有的複雜且多階層的流通結構，特色是重視人際關係，維持著古老的交易習慣。若看文具、辦公用品的市場，法人顧客佔了整體市場的75％，個人顧客佔了25％。約有660萬個處所都是公司行號，其中30人以上的公司行號中只佔了整體的5％，其餘的95％都是不滿30個人的中小型公司行號。

在中小學旁邊的一般文具零售店只開到傍晚6點鐘，而且商品種類多、經常缺貨。在服務面上以及販售價格面上問題也很多，漸漸的，**因為量販店或便利商店等新的販售**

管道抬頭而流失顧客，關門大吉的店鋪也增加了。

零售店稱為「訂貨」或「交貨」的配送服務，因為只針對30人以上的大規模公司行號，所以無法滿足中小型企業或個人的需求。零售店的背後有製造商和批發商，其中也有透過KOKUYO自家公司系列的批發商在全日本佈滿了流通網。PLUS公司出名的商品是文具組和基礎文具等新製品的開發能力，**但不管開發多少新製品，也不會放在零售店的店頭，幾乎對營業額沒有影響。**

■ 分析需求與公司適切性，開闢新管道

因為與消費者接觸不足，加上對通路的變動抱持著危機感，為了檢討將來的文具流通該怎麼做，1990年時PLUS公司的今泉嘉久社長（現為會長）展開了「BLUESKY委員會」的計劃。以如何掌握因應消費者的需求，以及真正的顧客是誰為主題，從公司整體的最適切性觀點花了一年時間討論。最後決定在1992年5月成立了ASKUL事業推進部，專門負責「**郵購販售**」的新管道。成員總共有4位，領導者就是現在的ASKUL社長岩田彰一郎（出身於LION公司，1986年進入PLUS）。

ASKUL將目標市場鎖定在全國630萬個公司行號中、不滿30人的中小型公司行號。由於數量龐大且地理位置散布四處，因此業務效率很差，零售店則是完全沒有積極販售活動的真空地帶。

■ 強調速度與便利！ASKUL就是「明天就到」

ASKUL對這一塊市場一律採取高頻率小量配送的服務，**提供了速度與便利性**。為了強調這一點，取「ASKUL（日語諧音為明天就到）」的名稱，承諾在每天下午一點之前的訂單會在第二天白天送達，而當時配送業務全部外包給宅配業者。

此外，為了提供商品給數量龐大的顧客事務所，將既有而且正在衰退中的一般文具零售店等定位為事業夥伴，與這些夥伴們簽訂代理契約（代理店），委託他們以個別營業的方式展開顧客拓展活動、授信管理與登錄、貨款回收等事項。

另一方面，ASKUL總公司則負責製作與配送商品進貨和販售工具的型錄，接受傳真訂單、商品配送，以及顧客的諮詢與投訴處理，透過物流中心負責處理訂單。

▶ ASKUL的起步與商業模式的進化

1992年12月，ASKUL製作出第一份刊載了約500款商品的型錄並發送。販賣的商品幾乎都是PLUS的製品，考慮到對既有販售管道的影響，將販售價格降了一成。代理商的保證金為20％以下，而ASKUL請款單的發行與送達、型錄的寄送、促銷工具的費用等都由代理商負擔。在1993年，泡沫經濟破滅後的不景氣時期，ASKUL開始服務的第一步，最初登錄的顧客數量為80家公司行號。

■回應顧客需求，販賣其他公司的產品

達成了第1年的營業目標2億日圓，公司逐漸成長後，開始需要回應消費者的需求。參考了「希望也販賣PLUS以外的文具」、「型錄裡面沒有想要的商品」的顧客意見，從1995年起開始販賣其他公司的製品。

在1997年的型錄中的商品有2750項，供貨廠商達100家以上，PLUS製品的販賣比率降到25%。ASKUL開始朝一次購足的型態進化，除文具以外，也開始提供所有在辦公室需要的東西，像電熱水壺、即溶咖啡、廚房用品等。

1997年5月，PLUS接手ASKUL事業的經營，以另一家公司的41位正式職員，44位計時派遣員工為班底，展開新的開始。

■用數字思考躲開危機，還年年獲利

2000年5月時的營業額為471億日圓，稅前淨利14億日圓，11月在JASDAQ市場上市。我和岩田社長第一次見面是在2001年6月，並於8月在股東大會上就任該公司的監察人。之後公司繼續向上成長，從事業開始15年後的2008年5月，營業額是1897億日圓，稅前淨利達到98億日圓。

2009年5月以後，景氣低迷，加上顧客有節約的想法，以及競爭激烈等原因，成長的腳步稍稍遲緩了下來。但是隨著開拓中國市場、統一購買間接材料（SOLOEL）、開

拓B to C等其他市場及擴大PB（私人品牌）商品等各種政策，該公司正努力提升其稅前淨利。

▼全部數值化的需求鏈管理，庫存降到最低！

前項說過的ASKUL革命性的商業模式並非一朝一夕完成的。而是在許多架構的支撐之下，一次一次「進化」而來，此架構最大的支柱就是「**需求鏈管理（Demand Chain Management）**」。

通常站在製造方的觀點，從原料材料的調度到生產、物流、販賣等，直到商品送到消費者手上的一連串流程，稱為供給鏈（Supply Chain），要進行生產管理或庫存管理。另一方面，ASKUL的身分是定位在消費者的購買代理，把這個流程稱為需求鏈，**以預測消費者的需求為出發點進行庫存管理，稱為需求鏈管理（以下稱DCM）**。

ASKUL在它的成長過程中，為了實現顧客訂購的商品「明天就到」的約定，每天都用嚴格的標準進行種類繁多的商品庫存管理。然而當商品項目超過一萬項時，光靠人力進行管理變得困難重重（目前早已超越三萬個品項）。因此導入了下列2種架構，讓精確度高的庫存管理化有可能達成。

■需求預測系統與自動訂單系統

依據過去的顧客購買紀錄，預測出6個月後的需求，並以此為基礎透過自動訂單系統進行商品的補充訂購。藉此達到減少庫存量，及防止缺貨問題的目標。

■引進網路系統

網路系統「SYNCHROMART」可以將未來6個月的需求預測與最近的庫存狀況、販售實績等資訊與供應商共享。而使用這個系統，供應者自己也能夠同步確認販售、庫存的資料，達到最適當的庫存管理。比方說受到天氣左右的礦泉水之類商品的庫存量也不會發生缺貨，能保持最適當的庫存量。

掌握過去的數字變化，雖然未來很難完全預測，但是藉著累積資訊使更精密的預測變為可能。**「一切都數值化」，以及將這些數字的變化聰明地運用在經營上，就可以讓過剩的庫存與浪費消失無蹤。**

下頁圖表為支撐ASKUL商業模式的資訊系統概念圖，這不是公司公告的圖表，而是基於我的理解做出來的。經營環境不斷變化，因此必須一邊將風險控制在最小範圍，一邊將這些架構進一步精緻化，發展出能夠承受環境變化的柔軟度。不要將成長鈍化的主因歸於景氣低迷或是競爭激烈的外在因素，實現ASKUL的企業理念「為顧客進化的ASKUL」，並且成為對社會有幫助，踏實且努力地成為有活力的企業。

● 讓 ASKUL「速度化」的資訊系統

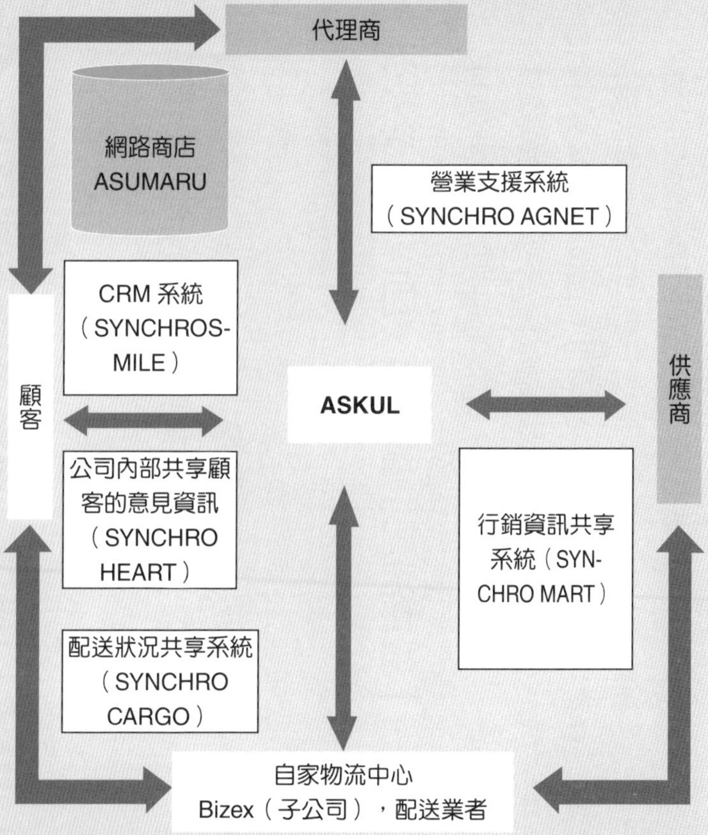

★LOGISTICS（物流、庫存管理、配送）：位於全國6個處所的物流中心裡，有最新的物流機器、技術，藉由各種方法，在接到訂單後最快20分鐘後就可以把商品打包出貨。

★客戶關係管理系統（Customer Relationship Management，CRM），對顧客的詢問可以迅速且準確的回應：為了進化，對ASKUL來說不可欠缺的心臟地帶，就是累積聚集在「客戶服務中心」裡包含需求、抱怨在內的顧客資訊（屬性、購買履歷、查詢內容）並分析，然後回饋給公司內部的相關部門，採用情報挖掘的手法來協助行銷。

實例3

小松製作所：用「速度」改革成功

坂根正弘先生是小松製作所股份有限公司（小松製作所）的董事長兼會長，在其著作《遙遙領先的經營》（「ダントツ経営」）中，詳細寫到他就任社長時經營改革的過程，書中提到，「迅速的清點作業，對於提高間接部門的產能非常有幫助」，以下向各位讀者說明原因。

▼赤字危機的主因，居然是「固定費用」！

2001年6月坂根先生就任時，IT產業泡沫膨脹、大型電子機器製造商的業績惡化，被迫進行大規模的裁員；原油價格低迷，營建機械的國內市場因公共事業的壓抑而有縮小的傾向。2002年3月期的營業赤字是130億日圓，淨損（期間總收益扣除應支出費用後為負數）為8百億日圓。雖說是國內營建機械營業額冠軍的該公司，也有經營的危機。在陷入赤字危機的時刻，他宣布要推動「結構改革」。

■無謂的浪費，造成莫大的損失！

小松製作所的員工明明都很認真，可是為什麼與歐美的競爭對手、特別是和世界最大的開拓重工（Caterpillar Inc.）比起來，卻只能獲得很低的利益？對此感到非常疑惑的坂根先生，想探究赤字的真正原因。他首先鎖定「變動費」，針對小松製作所的全球各工廠進行比較。發現在日本工廠的生產成本是最低的，就先讓他吃了顆定心丸。

還好變動費沒有問題，接著就是調查「固定費」。**結果發現過高的固定費是導致赤字的主因，其本質在於一直以來累積「無謂的事業或業務」**，特別是慢性赤字的子公司群，以及一直容許它們存在的公司體制。此外，在當時作為評價基準的競爭廠商的營業額管銷比率，小松製作所是高了6點（代表成本較高）。如果營業額是1兆日圓，就會有6百億日圓的利益差。

削減固定費用成為最優先課題，**徹底重新檢視不划算的事業或本公司的業務，並進行員工自願離職和子公司的統整存廢。**300家子公司在1年半之內減少了110家。所有的商品目標都放在世界第一、第二，除此之外，沒有「繼續存在的理由」的事業就整頓、賣掉。

▼經營改革的關鍵，就是決算的迅速化

削減固定費用的過程中，發現關鍵在於**決算期作業「時間落後」**的問題。以前要發表4～6月的當季決算時，國內事業自然是統計4～6月的數字，但是海外事業的統計需要花時間，便用1～3月的數字代替。為了能正確瞭解公司的狀況，盡早決算是很重要的，因此給了會計部門「決算統計迅速化」這個課題。

關於決算統計，對各個子公司打分數，晚交一天就扣1.5分，計算錯誤扣1分，用這種方式數值化。用數字來比較每個工廠的製品品質是理所當然的，但是對間接部門來說沒有前例。子公司的社長並不知道全公司的決算延遲，是因為自己公司的處理方式不佳所造成。可是如果用分數讓它「透明化」，就會努力改善。就因為這個方法，讓延遲的問題得到良好的改善。

此外，決算無法如期完成，是因為集中在年度末才連忙想要整理數字，如果每個月、每天，都能夠好好地管理數字，就不會有這種事情發生。事實上小松製作所2002年3月決算，在該年的5月10日發表（與日本企業的標準日數大致相同，約花了40天），但2006年3月期決算是在4月27日發表，決算的速度有了大幅的改善。

決算的迅速化對提高間接部門的產能十分有效，在本書中也說過每月決算的迅速化

很重要，在公司經營改革的開端，會計更是和改革成功與否密切相關。

小松製作所在2011年因「利用IT使公司本身與顧客的作業都效率化」而獲得了PORTER獎。「KOMTRAX」資料收集系統，可以用安裝在營建機械上的GPS與感應器，搜集活躍於世界各地的車輛的各種資訊，運用在營建機械的需求預測或庫存管理與零件更換及維護系統等售後服務結合。對於無法付款的客戶也可以用隔空操作的方式停止引擎，能夠思考到這個地步真是令人驚訝，值得讚賞。

實例4 日本麥當勞：自創獨特「顧客滿意」指標

2004年2月，原田泳幸先生辭去蘋果電腦日本法人社長的職位，就任日本麥當勞控股公司的副會長兼CEO。在前一年（2003）12月期麥當勞的營業額為2998億日圓，稅前淨利是19億日圓，但是當期純益為71億日圓的赤字。我記得當時「從MAC轉到MC」這句話，還被媒體拿來開玩笑。

▼「達到這個數字！」單一命令，員工容易實行

日本麥當勞是由白手起家的經營者藤田田先生所創立，自1971年在銀座三越百貨公司內開設第一家店以來，以驚人的態勢在全日本持續擴大成長，但是到了90年代後半，既有店的營業額與前期相較變成負數，2001年是創業以來第一次發生赤字。過去雖然曾被認為是「通貨緊縮時代的贏家」，後來在漢堡價格反覆上下之間流失了客戶。藤田先生在2002年7月負起經營不振的責任，也因身體狀況不佳而辭去社長一職，在原田先生進入公司後2個月的2004年2月時逝世。

在危機的狀況中負起該公司經營責任的原田先生，究竟做了什麼事情呢？**他徹底要求做到麥當勞的基本原則：「品質、服務、清潔（Quality、Service、Cleanliness，以下稱為QSC）」**，設置無論發生再小的問題都要能夠立刻因應的緊急連絡體制（Emergency Hotline），整頓出有任何意見都可以匿名提案、告發的基礎結構。結果讓麥當勞在4年間的營業額成長約1千億日圓，2008年12月期的營業額為4064億日圓，稅前淨利提高到182億日圓。

之後連續7年，一直到2010年12月期，舊有店鋪的營業額與前期比都是正數，同期的直營店與加盟店的營業額合計，達到最高的5427億日圓（藉由加盟店的戰略性關閉、由直營店轉為加盟店等，聯合營業額為3237億日圓，營收減少）。

2012年1月，該公司發表2011年12月期既有店鋪的營業額，比前一年增加了1.0%，營業額已經連續8年都增加，而2011年12月所有店鋪單月營業額更達到過去最高的數字，真是了不起。

■只要考慮QSC的數字就好！

原田先生就任社長的時候，對員工提示的不是什麼複雜的東西，據社長的著作《漢堡的教訓》（「ハンバーガーの教訓」）中所述，「就只是一張紙」。紙上寫著1年內店鋪數量與營業額，以該數字來看，目標並不是擴大店鋪數量，而是在保有一定的店鋪數量下，營業額應該要成長到多少。他回想當初對員工做出的指令，只是清楚指示要依據該數字，並站回QSC的原點穩固基礎而已。「只要考慮QSC就好」，發出簡單的指示，員工們（接受命令的一方）就比較容易實行。

這使我再次感受到，用具體數字設定容易理解的目標，傳達給員工，同時立足於創業至今的原點就能成功，這絕非難事。用這些話說服員工，讓他們找回自信，是能從危機狀況中脫身的重要因素。

QSC是使用祕密客的方式對各種細目調查並打分數，分數卡每天更新，員工或加盟店老闆們每天都會看到。QSC的分數與客數的增減有很大的正相關，也和員工的滿意度明顯相關。

■ 最容易理解的說明：數字與圖表

《日經商業》雜誌在2011年7月11日號的報導中，用各種圖形顯示出「與平均每家店鋪的營業額完全逆相關的，就是工作人員（店鋪的計時人員）的離職率」或是「營業額增加的要因，是從員工的滿意度（ES）分數往上提升開始，離職率下降↓QSC分數提升↓顧客數的增加」。

實際狀態的資料用數字或圖表來顯示，就更容易被理解，也會很明確知道該如何增加銷售。我對此的理解是：「店鋪經常保持整潔，全體店員以明亮的笑臉，懷著待客之心工作，把令顧客驚喜的美味且品質良好的漢堡，以合理的價格迅速提供給顧客」。

▼提高服務能力的獨特經營指標：「CSO」

讓人驚訝的是，原田先生在當上社長之後，**商品從來沒有降價過，反而一直都是把價錢提高。**當然商品價值也提高到顧客的期待之上，因此即使價錢變高，還是能獲得新顧客，老顧客上門的頻率也不會下降。

雖然說年度來客有15億人次，所以只要多1塊錢就可以提高15億日圓的利益，但是也有可能適得其反，薄利多銷的商業模式就是這麼困難。事實上據說他是分析過去數量龐大的顧客消費清單，然後模擬出什麼商品如何變化可以帶動顧客的消費，掌握住微妙的經營方向。

還有一點，該公司採用自己獨自的經營指標**CSO（Customer Satisfaction Opportunity）**，這是用來代替顧客滿意度的指標，意為「**進一步提高顧客滿意度的機會**」。數值越大就表示「還有提高的機會」，意思就是「不好」，這個指標的數值為零是最好的。每個店鋪每小時都由總公司來統計數值，每天都以讓這個數字變成零而努力。

CSO為零的話就會有利益，這個邏輯非常簡單易懂。**與其「提高顧客滿意度」，還不如「不要讓顧客滿意度還有提升的機會」**，站在顧客的觀點上來看，就更會去思考還能為顧客做什麼、什麼是不能做的。我認為這是很優秀的經營指標。

實例5

黑貓宅急便：把「服務水準」數字化

大和運輸「黑貓宅急便」之父、前社長小倉昌男先生在他的著作《經營學》（「経営学」）中，詳細描述了他在企業創辦者、也就是他父親小倉康臣先生之後繼承社長一職的前後，到宅急便誕生、發展的過程。

他告訴我們，一個成功的經營者是在不斷的錯誤中持續學習，對於經營者來說，我認為是值得一讀再讀的名著。在我任職的中央大學專職研究所會計學院中，也請該公司的經營幹部來演講，在個案研究中也數度提出來研究。

▼宅配的需求，一律先依據計算預測

為了讓石油危機後呈現低迷狀況的運輸業恢復業績，一開始以「宅急便」的名稱在民間首次朝著個人化小量貨物配送展開服務，而與松下電器或三越百貨等大型顧客取消交易；因宅急便放寬限制問題，在1986年對舊運輸省（相當於交通部）提起行政訴訟等等，有數不完的故事。大和運輸的網頁上以「宅急便30年的步履」為題，記載了到2006年1月為止的公司歷史。

書中內容讓我最感興趣的是，小倉社長**依據數字預測計算（假設的方式）的確實性，以及將服務水準數字化**。

■讓小量案件的獲利超過大量的方法

小倉昌男先生1971年當上社長時，探究了大和運輸的收益何以那麼低的原因。調查自家公司固定路線貨物的發貨方後，發現以50件以上的案子佔壓倒性多數，10件以下的小量案子只佔全體不到一成。不知道其他公司的狀況如何？於是他到對手陣營的分店現場偷偷觀察，發現營業報酬率在7％以上的運輸公司，發貨方以5件以下的貨物居多；報酬率5％以上的公司大多也是10件以下的小量貨物。其他公司雖然也送大量的貨物，但是另一方面小量的貨物運送的總量也很大。

當時，東京到大阪之間1件的運費為7百日圓，大型卡車是10噸的貨車，以每個紙箱平均24公斤來說，1輛可以裝4百個多一點。量大的客戶運費每件是2百日圓，因此一輛卡車的收入是8萬日圓。但是如果滿載的貨物是小件的那麼就是7百日圓×4百個＝28萬日圓。搜集小量貨物成本確實比較高，但是如果可以賺到這麼多運費的話，這個想法是很吸引人的。「小量貨物在收貨配送上很費功夫所以不划算。與其運很多次小量貨物，不如一次運很大量更合理又划算」，他這才發現，上述過去業界的常識並不正確。因此他很快地指示改採多收小量貨物，但是因公司內有弊害，很難馬上做到。

總公司在東京，工會運作也很完備。基礎租金比其他公司高，人事費佔了成本近60%，但員工平均月薪比其他公司差了5千日圓，沒法跟其他公司比。既然如此，就改變工作，把目標放在新市場。運用公司本身擁有的百貨公司配送知識，或許可以考慮往個人顧客貨物宅配的領域發展也說不定。

然而個人宅配的市場既不固定，也很難掌握，所以業務很不穩定。完全不清楚會在哪裡接到委託，貨要送到哪裡。雖然不清楚成本會是多少，但是運費不能比郵局的小包裹貴，否則有可能造成很大虧損。雖然像是家庭主婦等等的個人客戶並不會對運費討價還價，而且還會以現金立即支付，不過在這個時點還是弊大於利。

當時，外食連鎖店吉野家放棄了以往的各種菜單，只賣牛肉飯一種商品。由於只賣牛肉飯，因此可以大量又便宜地購買品質良好的牛肉，供應速度快、味道好價錢又便宜，頗獲好評。店員也只需要用工讀生就行了，可以把人事費用控制在很低的數字。

小倉先生在1974年開始思考這些問題：「什麼都可以運送的好運輸公司」這個方向是不是錯了？範圍很廣什麼都做的公司，跟範圍狹小只做一項的公司哪一種比較有可能性？

他決定調查個人的宅配需求究竟有多少，讓員工在東京中野中央區1丁目與2丁目約2千戶人家巡迴調查「一年內有幾件小包裹」。結果發現平均每家一年有兩件，幾乎都是小包裹。在百貨公司購買中元節或年底的贈禮回禮，然後由店家直接寄出的情形也很多，因此需要量應該更大一點。當時，郵局小包裹1年有1億9千萬個，國鐵小包裹為6千萬個，因此既有的總數量為2億5千萬個，假設每個包裹5百日圓，就可推測小包裹是1250億日圓的市場，這種市場規模，公司光靠「小包裹」吃飯也綽綽有餘。

■估算要有幾間聚點，才能快速配送並確實獲利

成功的關鍵在於製作出全國性規模的收發網路，可用於參考的是機場的軸輻式系統（Hub & Spoke System）。那全國必須要有多少個當作據點的集散中心呢？收集全國人居住地區的20萬分之1地圖，畫出一個個半徑20公里的圓（收發車以平均時速40公里行駛，因此推估當接到收貨的委託時，在30分鐘能抵達的距離為20公里）。這個圓圈的數量應該就是所需的集散中心數量吧？

這是很辛苦的作業，而且方法也錯了。難道沒有別的簡單的方法嗎？全日本的郵局共有5000家，因為書信很多，所以才有這麼多家；公立中學有1萬1250間，因為學生都要走路上學，所以才有這麼多間……以上這些都不能成為參考。另一方面，警察局有1200間，若這樣的數目足以維持治安的話，那麼我們公司的營業處所也設立這麼多間就可以了。於是，小倉先生把據點目標數放在1200個。

結果，所有董事明明都反對加入個人宅配市場，卻在1975年8月、準備工作的最後階段，於公司內發表了「宅急便開發要點」。隔年9月1日，編制出一個十個人的工作

團隊。以年輕員工為中心，也讓工會的人參加。10月底製作出計畫書與作業手冊，那是相當詳細的宅急便商品化計畫與手冊，這些都是在製作新企劃或事業的實行計畫時非常值得參考的例子。

1976年1月20日，以「一通電話就收貨，只有一件也會到府收貨、隔日送達，運費便宜清楚，打包簡單」為概念的新商品，「宅急便」誕生了。

▼將服務層級數值化，提高配送品質

從宅急便誕生以來，新服務開發等的參考案例並不少，這邊想再介紹一個了不起的經營指標，那就是**以數字掌握對客戶的服務水準並公布**。

調查每天抵達各個中心的貨物裡，以百分比顯示有多少件無法在隔日送達。這是以都道府縣為單位，縱軸為發貨地，目的地放在橫軸，將隔日仍未送達的個數對發貨到達的都道府縣之間總個數，用方格框表現出各個百分比的架構。服務水準每個月都會發表，查明從哪個縣到哪個縣框內的數字比較差，然後想辦法改進。

最初統計的結果離滿意還很遠，送到遠處的東西有40％以上的未送達比率。送到企業或商店的東西在關門後沒有人收取，不改進這些部分的話未送達率會變高。**比起把服務的差別化當成營業戰略，檢查服務水準是更加不可缺少的重要工作。**這些數據公布後，很明確地提升了送貨品質。

結語

懂得數學思考力，一定會成長！

經營管理顧問的範圍很廣，從整體經營到鎖定業種或機能、目的的顧問都有。鎖定某些業種，例如餐飲業的經營管理顧問就很常見，也有人特別鎖定林業、木材業或旅館經營等。鎖定機能或目的意味著，人事管理顧問、教育管理顧問、物流管理顧問、資訊系統、IR（對股東的公關活動）顧問等等，還有像我這種專門鎖定上市準備工作的顧問，各式各樣都有。以營業型態來說，從個人營業到組織性範圍廣泛的各種經營課題，都有經營管理顧問公司可以幫忙解決。

但由於不需官方資格認定，不實際合作看看，還真不知道自稱是「經營管理顧問」的實力在哪。

▼先問管理階層五件事，「志向的高度」最重要

我曾經問過自己，和其他的管理顧問有什麼不一樣？如果有不同，又是哪裡不同？因為我有會計師和稅務師執照，因此常被認為在會計、財務、稅務方面很強。但是這些

領域也是瞭解到某一個程度而已，要跟精通特殊領域的專家比起來，也許我只是幼稚園程度罷了。若有複雜難解的問題在眼前出現，因為我認識精通此道的專家，得以求解難題。我自己的經營管理顧問定義應該是：「以符合上市公司所需，為建立強大公司，將整體經營指導列入守備範圍，擁有某種程度人脈網路能力的經營顧問」。這樣一說倒看不出什麼特別優秀的特徵。

■賺錢很重要，但只想著「賺更多」還不夠！

那麼，關於經營管理顧問的手法有什麼樣的差異或優越性呢？

首先第一件事，我會深入思考與經營者見面時的問題與答覆。**我的問題有以下兩個：「你的經營目的是什麼？」及「你希望公司在5年後、10年後變成什麼樣子？」**。若是上市準備的諮商案件，我的第一個問題就會是「上市的目的是什麼？」。

這些問題的答案可以讓人感覺到「志向的高度」，只要對方不是單單以賺錢為目的，我就會接受這個諮商。當然，價值觀合不合得來非常重要，在跟對方談話的過程中自然會明白。

我問最近認識的一個外食連鎖店的年輕社長這些問題時，他回答，「希望能把薪資水準提高到比任何同業都高，讓員工們的生活水準提升」。第一次和優衣庫的柳井正先生見面時，他也說，「要改變休閒服飾既有的流通途徑，用自己的手做出品質良好的商品，更便宜的賣給更多人」。這兩者都讓我感覺不是在說漂亮話，而是有遠大的志向，讓我立刻就想協助他們做些什麼。聽到他們的志向之後，比較容易據此擬訂願景或任務、經營戰略等。

■ 會計思考的基本就是：增加現金、減少花費

第二件事，就是將做為公司支柱、事業基本的「損益結構」、「現金流量結構」加以分析，使它接近理想形態。簡單地說，**「做一定會賺錢的生意，增加現金流入，減少現金流出，把現金留下來」**，只是這樣而已。詳細內容都在本文裡，重要的是，我希望經營者隨時保持會計思考。

■ 擴大強項，弱點自然就會補足

第三件事，瞭解公司的強項與弱點以及風險局面，與其補強弱點不如先擴大強項。以經驗上來說，擴大強項的過程中弱點大多也會同時被補強，思考該如何擴大強項然後實行。

■ 實際參與，才能做出切合實際的對策

第四件事，經營管理顧問自己要和經營者站在相同觀點上，用同樣眼光給意見並工作。必須要有和經營者一樣辛苦的覺悟，一開始可能會被經營幹部或員工認為是多管閒事的外人，但是只要在一起工作的過程理解到我們和他們的立場一致，就會得到協助。

■庸材和幹材只有一線之隔

第五件事，讓經營者理解「經營跟教育是一樣的」。就像父母教育小孩一樣，經營者對部下生氣的時候也不可以傷害他們的人格或是否定他們，而是該告訴他們哪裡做得不好、哪裡有缺陷，讓他們明白你為什麼生氣。人是感情的動物，如果不能認同就不會有行動。給指示命令的時候，要明確表達那個工作的目的和意義。若全體員工都能團結一致行動的話，就能發揮了不起的力量。**在你感嘆「公司裡沒有能幹的員工」之前，自己主動教育培訓員工，同時社長也會被員工教育，一起成長。**

▼經營顧問是助力，突破逆境得靠自己努力

我的經營顧問手法基本上就是這樣，當中沒有什麼祕訣，而且沒有任何一項是能速成的項目。就如同經營公司，實際上所有方法都是基本、而且是得腳踏實地一步一步去實行的東西。

以上是我擔任經營管理顧問時的各種工作方式，其實也是給經營者做為經營上的提示。若站在聘用經營管理顧問的公司的立場上，多數是認為基於以下的兩種情形才外聘的，「公司內目前沒有能做這個工作的人，所以只好仰賴公司外的人來指導」或是「雖然公司裡也有能幹的人，但還是想把來自公司外經營管理顧問的外在壓力帶到經營群

裡，期望公司整體的改革」。

■綜觀公司整體的工作流程，再用數字思考改進

仔細想想，**經營管理顧問是鳥瞰公司整體的工作方式、也就是業務流程，同時給予產業活動市場客觀的整體評價**，確認公司在市場內的位置，看清楚今後的方向，集結蓄積全體員工的力量，一舉朝事業前進，是反映出公司經營行動的一面鏡子。

希望本書能把自己從事這行的多年經驗，提供給目前在逆境中也勉力經營的各位經營者或是商業人士們參考，或至少能夠對各位眼前的工作有所助益。逆境對任何人來說都是逆境。覺得是逆境所以態度消極，「因為風險太大所以放棄」，這是任何人都會有的想法。如果簡簡單單就能辦到，那大家早就都做了。

▼數字會反應行動成果，推動人繼續往前

正因為風險大，才應該挑戰，不要列出一堆辦不到的理由，而是想想該怎麼做才能做到，就像小學生時代學到的5W1H之外再加一個H（How much？），用5W2H的方式整理思考，想清楚之後再實行。只要稍稍改變一下思考方式的脈絡或分析手法，改變角度，就會覺得好像可以辦到，應該可以試試看。逆境才是機會的寶庫，不要沮喪，請多次挑戰。

本書中也提到過，經營者或員工的行動會顯示在會計數字上。**透過其後的會計數字變化，經營者們要反省、重新檢視、計劃、再連結到下一次的行動。會計數字可以推動人，也是打造堅強公司的基本。**

即使是一群並不優秀的普通人，只要認真考慮要建立強大且持續成長的企業，並且確實行動的經營者或商業人士，我希望你們一定要看看這本書。**會計數字會隨著使用方法，使普通人的團體朝著經營者的遠大志向行動，逐漸改變公司。**

最後，我要感謝給我機會寫這本書的鑽石社編輯小川敦行先生。還有，曾看過我過去作品的讀者，每次被問到「你不寫新書嗎？」我都用「有點忙」來當藉口逃避了許多年，對這些讀者們，我想抬頭挺胸地說「我終於寫了！」，也終於跟那個列出一堆辦不到的理由的自己告別，很感謝給我刺激的讀者們。也請熱心的讀者們多多給予本書批評指教，不論是忠告或不滿，我都衷心期待各位的指教。

安本隆晴

職場通
004 職場通系列004

賺錢公司成功祕密，都靠這本會計財報教科書

UNIQLO、Panasonic、黑貓宅急便都在用的會計指南，小企業變身大公司的財報祕密全公開！

ユニクロ監査役が書いた 強い会社をつくる会計の教科書

作　　者	安本隆晴
譯　　者	張婷婷
出版發行	核果文化事業有限公司 116台北市羅斯福路五段160號8樓 電話：（02）2932-6098 傳真：（02）2932-3171
電子信箱	acme@acmebook.com.tw
采實集團官網	http://www.acmestore.com.tw/
采實集團粉絲團	http://www.facebook.com/acmebook

主　　編	賴秉薇
業務經理	張純鐘
行銷組長	蔡靜恩
業務專員	邱清暉、李韶婉、賴思蘋
封面設計	張天薪
內文排版	菩薩蠻數位文化有限公司
製版・印刷・裝訂	中茂・明和
法律顧問	第一國際法律事務所 余淑杏律師

I S B N	978-986-8916-57-9
定　　價	300元
出版一刷	2013年10月25日
劃撥帳號	50249912
劃撥戶名	核果文化事業有限公司

國家圖書館出版品預行編目資料

賺錢公司成功祕密，都靠這本會計財報教科書：UNIQLO、Panasonic、黑貓宅急便都在用的會計指南，小企業變身大公司的財報祕密全公開！／安本隆晴著；張婷婷譯.-初版- -臺北市：核果文化,民102.10面；公分.--（職場通系列；4）譯自：**ユニクロ監査役が書いた 強い会社をつくる会計の教科書**
ISBN 978-986-8916-57-9
1.財務報表 2.財務分析
495.47 102020488

核果文化
CORE PUBLISHING